U0275289

内蒙古自治区科学技术史一流学科建设经费资助

艺术中的数学文化史

代钦 ——— 著

商务印书馆
The Commercial Press

目录

前　言

艺术史是文明的一面镜子，它也从一个侧面反映了数学文化在不同文化中的发展历史。本书旨在研究用艺术语言表达的数学文化史的内容，即以图像学思想方法为指导，研究绘画、雕塑、艺术设计等艺术作品中蕴含的数学文化史。

首先，在日常生活中人们经常欣赏艺术作品，但是很少去思考艺术创作的艰辛过程和复杂程度，更不会去思考艺术和数学之间千丝万缕的联系。艺术作品是直观的，但也是抽象的，这种特点与数学惊人地相似。人们每时每刻都在应用数学，与数学产生联系，但是很少思考数学的创造过程，对数学的深奥望而却步。数学是简洁的，同时也是抽象的。所以有些人认为数学是通过人的左脑工作，艺术是通过人的右脑工作，数学家理性而严谨，艺术家感性而浪漫，他们是两个完全不同类型的人群。但是从人类的创造心理特点看，数学和艺术有不少相通之处。艺术中的比例关系和对称关系、审美心理上的追求美的一致性、创造心理上的直觉性或统觉性、形式上的简洁性和抽象性等方面，与数学有诸多相通之处。每一个艺术作品都是艺术家借助直观和灵感长时间进行逻辑思考的成果，这与数学思维过程具有相通性。

图 1　汉代画像石中的圆规和折尺

　　其次，艺术特别是西方艺术经常用到数学中的黄金比例等特殊关系和透视法，这也要求艺术家学习数学，具备数学的洞察力。如德国著名艺术家丢勒、意大利艺术家帕乔利等，都是数学家。

　　再次，考察西方艺术史可以发现，在西方艺术作品中蕴含着丰富的与数学有关的内容，这与艺术家对数学的关心和兴趣有着密切的联系，也反映了数学在当时社会文化中的地位。在东方艺术中也有表现数学的作品，如中国汉代画像石中的圆规和折尺[1]（如图 1）。

1　〔美〕巫鸿著：《无形之神》，上海人民出版社，2020 年，第 27 页。

最后，一些数学研究者会有意识或无意识地关注艺术，为自己的数学著作设计一些富有艺术品位的插图或封面。一些数学家也会用诗歌等艺术形式表达数学内容，以使数学更加大众化。

基于以上观点，本书以艺术中的数学内容为研究对象，以图像学思想方法为指导，研究艺术中蕴含的数学文化史。简言之，所谓图像学就是"从个别的和明显的事物上升到统一的本质的事物（从图画到意义）"。从外在表现揭示内在意义，"内在意义不仅支撑并解释了外在事件及其明显意义，而且还决定了外在事件的表现形式"[1]。图像可以让我们更加生动地"想象"过去。我们与图像面对面而立，将会使我们直面历史。在不同的历史时期，图像有各种途径，曾被当作膜拜的对象或宗教崇拜的手段，用来传递信息或赐予喜悦，从而使它们得以见证过去各种形式的宗教知识、信仰、快乐等。[2]因此，透过历史图像我们可以看到数学文化绚丽多彩的内容、蜿蜒曲折的发展历程和在人类社会中的崇高地位。

本书和以往各种"图说""插图"等数学史或数学文化史著作不同。如卢嘉锡、席泽宗主编的《中国科学技术史》（中国科学技术出版社，1997年）和李文林主编的《文明之光——图说数学史》（山东教育出版社，2005年）均以科学和数学的历史发展为主线，借助相关图像直观形象地叙述了科学史和数学史。在这里，图像的作用是辅助性的。而本书是以历史上的图像资料为线索，阐述了相关的数学文化史。考虑到内容的灵活性、可读性和趣味性，

---

1 〔美〕欧文·潘诺夫斯基著：《图像学研究：文艺复兴时期艺术的人文主题》，戚印平、范景中译，上海三联书店，2011年，第7、3页。

2 〔英〕彼得·伯克著：《图像证史》，杨豫译，北京大学出版社，2018年，第10页。

本书并不是按照历史发展脉络展开论述，但是同样遵循了学术研究的严谨性。

艺术语言传达了人类的审美情感，是一种世界性语言。古今中外有大量以数学文化为题材的艺术作品，本书以艺术史、艺术理论、文化人类学、数学史、哲学史和历史学的相关理论为指导，从这些艺术作品创作的时代背景和内容出发，阐释了这些艺术作品中蕴含的数学文化特征和人们崇尚、追求数学知识的诉求。所以，本书具有重要的理论和现实意义：

理论上，艺术是表达人类情感世界、思想境界、文明成果和生活现实的重要手段。从每一个阶段的艺术创作中都能看到那个时代社会发展的各个方面。挖掘艺术作品中与数学文化有关的内容，对数学文化史、艺术史和文化交流史等研究均具有重要的理论意义（如图2）[1]。本书从另一个视角阐明数学文化在西方文化中的重要性和普遍性，进一步探寻数学和艺术的内在联系。同时，考察东方艺术中与数学相关的内容，并论述其蕴含的文化思维方面的深层原因。

实际上，艺术创作和数学创造都是人类的心智活动，在直观性、直觉性和抽象性等方面有着很多相通之处，这对从创造心理学视角研究两者的共同点提供了客观的依据。艺术作品具有不同的文化属性，它反映不同文化对事物的不同观点。通过揭示艺术中的数学文化，阐释西方和东方对数学的不同观点及其决定数学发展走向的根本原因，对数学文化史研究具有重要意义。本书对大学数学文化通识课和中小学校本课程的开设具有重要的辅助作用，对数学爱好者艺术欣赏能力的提高、数学文化与艺术之间联系的理解具有重

---

1 〔美〕R. 弗里曼·伯茨著:《西方教育文化史》，王凤玉译，山东教育出版社，2013 年，第 90 页。

图 2　一个受过教育的奴隶在罗马主人面前做计算

要的现实意义。

　　在数学与艺术问题上，几乎所有研究者都会甄选一些艺术作品，用透视法、各种几何形体来解释其结构，并以此来证明艺术家在自己的创作过程中有意识地使用了数学原理。一些艺术理论家也会采取这种研究方法。这种研究方法容易忽略艺术家在创作过程中的视觉经验和直觉心理的作用，用刻板或教条的观点阐释艺术的创造行为。并不是每一个艺术作品都用透视法设计之后才完成，很多时候是依靠视觉经验通过直觉创造出来。这就像诗人创作诗歌一样，把自己灵魂深处的声音用诗歌形式表达出来，而不是首先考虑语法结构再往结构里套用词句。

本书在国内外相关论著的基础上，运用数学、艺术和哲学的丰富的相关素材展开研究。

从国内研究情况看，自 20 世纪 80 年代末以来，出现了不少数学文化方面的论著，如黄秦安的《数学哲学与数学文化》（陕西师范大学出版社，1999 年）、顾沛的《数学文化》（高等教育出版社，2008 年）、齐民友的《数学与文化》（大连理工大学出版社，2008 年）、张奠宙和王善平的《数学文化教程》（高等教育出版社，2013 年）、汪晓勤的《数学文化透视》（上海科学技术出版社，2013 年）、张顺燕的《数学·科学与艺术》（北京大学出版社，2014 年）等。但是涉及可视性的只有汪晓勤的《数学文化透视》，其中展示了少量的艺术作品、邮票和数学家的肖像。

就国外研究情况看，有不少相关的研究成果。我们已知的最早用数学文化命名的著作有日本学者吉冈修一郎的《数学文化史》（1938 年）。以文化与数学之关系命名的较早的著作有日本著名数学史家三上义夫的《文化视野下的日本数学》（1924 年初版，1984 年再版）和莫里斯·克莱因的《西方文化中的数学》（1953 年）。另外，以下具有代表性的著作不同程度地涉及艺术中的数学问题：小原哲郎主编的《玉川儿童百科大辞典——数学》（1975 年）、古德基的《数字王国：世界共通的语言》（1996 年）、罗宾·J. 威尔逊的《邮票上的数学》（2001 年）、伊凡斯·彼得生的《数学与艺术——无穷的碎片》（2003 年）、日本著名数学文化史家横地清的巨著《用数学品味绘画和雕刻发展史》（2006 年）、斯蒂芬·斯金纳的《神圣几何》（2007 年）、埃莉诺·罗布林和杰奎琳·斯蒂德尔的《牛津数学史手册》（2009 年）、乔尔·利维的《奇妙数学史：从早期的数字概念到混沌理论》（2013 年）。但是它们都采用插图，即图像的作用是辅助性的，内容素材的搜集和处理是局部的或者是零星的，缺乏系统性。本书的研究方法与上述著作有很大不同，图像的作用是主要的，提供了考察数学文化史的线索，并且内容的安排较为系统。

总之，现有研究成果较少从艺术作品出发系统而深入地研究数学文化，大多只停留在分析数学对艺术的影响，如文艺复兴时期艺术家利用透视原理创作出不朽的名作，20 世纪荷兰艺术家埃舍尔对无限拼图的探索给人以启迪，萨尔瓦多·达利利用四维立方体的展开图画出了使人震撼的作品，还有艺术家们从斐波那契数列、最小曲面、莫比乌斯带中得到启发等。本书对从更广阔的视角研究艺术史和数学文化史具有重要意义，也是一项开创性的工作，具有自己的特点、创新点和良好的发展前景。

对历史上的绘画、雕塑等艺术作品中的数学文化进行考察，犹如漫步在历史画廊中，边欣赏边思考，让我们感受到艺术不仅仅是形式与色调，也是人类精神的彰显。艺术具有民族文化性和历史性特点。由于不同民族的文化背景和历史发展不同，其审美意识也不尽相同，他们的艺术也凸显不同的特征，能够反映民族的文化发展走向。另一方面，艺术还有其历史性，正如康定斯基所说："任何艺术作品都是自己时代的孩子，它常常还是我们感性的母亲。"[1] 每个时代都有自己的顺序，这个顺序有赖于当时的艺术感觉。[2] 在西方艺术中以数学、科学等为主题的作品不胜枚举，在中国艺术中以相关内容为题材的作品较为少见，而以自然景物、动物、人物肖像等方面的作品居多。

---

1 〔俄〕康定斯基著：《艺术中的精神》，李政文、魏大海译，中国人民大学出版社，2003 年，第 1 页。
2 〔英〕H. 里德著：《艺术的真谛》，王柯平译，辽宁人民出版社，1987 年，第 92 页。

这种现象说明：其一，西方的壁画、雕塑等艺术，自古希腊开始就有丰富的与数学家和数学内容有关的作品，尤其是文艺复兴以后；其二，西方艺术中有不少女性学习、教授数学的场景，也有更多的女性读书学习的内容；其三，西方艺术中也有数量可观的虽然不是科学家和数学家，但是其肖像或家庭陈设中有天文仪器、数学工具、科学书，等等。他们可能通过这些向世人展示自己的高贵身份。这说明尊重科学研究、崇尚数学精神在西方历史上具有普遍意义和主导作用。也许长期困扰我们的问题就不成为问题了，例如所谓的"李约瑟问题"：为什么近代科学不在中国而在西方产生？

第一篇

何谓数学文化

数学文化是数学知识、思想方法及其在人类活动中的应用，以及与数学有关的民俗习惯和信仰的总和。它有四种形态：纯粹数学形态、学校数学形态、应用数学形态和民族数学形态；它有五个特征：规范特征、审美特征、认知特征、历史特征和价值特征。

一、数学文化研究热的缘起

德国人最早使用"文化"一词，之后英国人泰勒 1871 年首次给文化下定义："文化或文明，……是一种复杂丛结之全体。这种复杂丛结的全体包括知识、信仰、艺术、法律、道德、风俗，以及任何其他的人所获得的才能和习惯。这里所说的人，是指社会的一个分子而言的。"[1] 自泰勒给文化下定义以后至 1951 年，文化的定义有 164 种 [2]，到 20 世纪 80 年代文化的定义已经有 260 多种 [3]。有些国家把文化的定

1 殷海光著：《中国文化的展望》，商务印书馆，2011 年，第 28 页。

2 殷海光著：《中国文化的展望》，商务印书馆，2011 年，第 27 页。

3 吴修艺著：《中国文化热》，上海人民出版社，1988 年，第 7 页。

义写入法律文件中，如日本的《文化财保护法》第 2 条 1 项 3 号中，文化是指"衣食住、生业、信仰、年中例行活动等风俗习惯，以及反映在服装、器具、居住建筑及其他方面的事物"。[1] 从国外文化研究情况看，从 20 世纪 80 年代已发展为国际化的学科，90 年代文化研究有选择地继续移植并落户在其他学科[2]。从国内文化研究情况看，20 世纪 80 年代中国文化热兴起[3]，80 年代中后期达到高潮，90 年代开始降温。自进入 90 年代后，许多学人以冷静和理智的态度探究文化和文化史的种种问题[4]。随着中国文化研究的深入，其他领域的文化研究逐渐展开，直至今日方兴未艾。

从数学文化研究情况看，自 20 世纪 80 年代末 90 年代初中国学者开始涉足数学文化研究，目前已经形成由专家学者、高等院校数学教师和中小学数学教师组成的研究队伍，并取得了一系列令人鼓舞的研究成果。如专著方面有齐民友的《数学与文化》，邓东皋、孙小礼和张祖贵的《数学与文化》（北京大学出版社，1990 年），郑毓信、王宪昌和蔡仲的《数学文化学》（四川教育出版社，2000 年），顾沛的《数学文化》，汪晓勤的《数学文化透视》，张奠宙和王善平的《数学文化教程》。论文方面，以数学文化为主题的论文有 2000 余篇，以数学文化为主题的硕士博士学位论文有 260 余篇。数学文化活动方面，中国学者参与或组织了相关的国内和国际会议，并创办相关杂志。20 世纪 90 年代，日本著名数学文化史专家横地清、中国北京师范大学钟善基和内蒙古师范大学李迪联合主编英文版杂志《数学文化史》（*Journal of the Cultural History of Mathematics*），共出版 7 期（如图 1-1）。2010 年，香港全球科学出版社创办《数学文化》（如图 1-2）。不少大学也设置了与数学文

---

1 〔日〕中村俊龟智著：《文化人类学史序说》，何大勇译，中国社会科学出版社，2009 年，第 3 页。

2 〔美〕维克多·泰勒、查尔斯·温奎斯特著：《后现代主义百科全书》，章燕、李自修等译，吉林人民出版社，2007 年，第 88 页。

3 吴修艺著：《中国文化热》，上海人民出版社，1988 年，第 6 页。

4 邵汉明著：《中国文化研究二十年》，人民出版社，2003 年，第 1 页。

图 1-1 《数学文化史》　　　　图 1-2 《数学文化》

化有关的选修课。这些成果的取得主要有三个方面的原因：一是国内文化热的大环境，二是数学史研究领域的延伸，三是中国数学教育改革的需要。

　　面对中国数学文化研究蓬勃发展的态势，我们有必要考察数学文化的概念、结构、特征等根本性问题，以及数学文化和数学史的关系、数学教学中融入数学文化的可能性和策略等诸问题。为此，本书从文化研究、数学文化研究进展出发，对数学文化作尝试性探讨。

二、数学文化的概念与形态

（一）数学文化的概念

　　关于数学是文化的观点，中国学者早在 20 世纪 30 年代就有所论及。1933 年，马遵廷撰文《数学与文化》，认为数学是一种文化，提出"文化和数学是互为函数"[1]的观点。1952 年，著名数学家陈建功提出："数学教育是在经济的、社会的、政治的制约下的一种文化形态，自然具有历史性。"[2] 20 世纪 60 年代，著名哲学家殷海光提出欧几里得几何学、纯粹数学都是文化。[3] 2005 年，李大潜院士提出："数学是一种先进的文化，是人类文明的重要基础。它的产生和发展在人类文明的进程中起着重要的推动作用，占有举足轻重的地位。"[4] 既然数学是一种文化，那么数学文化究竟是什么？

关于数学文化的论著很多，但是揭示数学文化内涵的论著寥寥无几，研究者大多引用顾沛所给的定义："'数学文化'一词的内涵，简单说，是指数学思想、精神、方法、观点，以及它们的形成和发展；广泛些说，除上述内涵外，还包含数学家、数学史、数学美、数学教育、数学发展中的人文成分、数学与社会的联系、数学与各种文化的关系，等等。"[5] 该定义从内涵和外延两个方面说明了数学文化，有其合理性，但是稍显烦琐。《普通高中数学课程标准（2017 年版）》也给出了数学文化的定义："数学文化是指数学的思想、精神、语言、方法、观点，以及它们的形成和发展；还包括数学在人类生活、科学技术、社会发展中的贡献和意义，以及与数学相关的人文活动。"[6] 本书参考文化、数学的各种定义和数学与人类其他文化的关系，为数学文化给出如下定义：数学文化是数学知识、思想方法及其在人类活动中的应用，以及与数学有关的民俗习惯和信仰的总和。在数学文化的发展过程中，科学精神、价值取向、审美意识、民族文化心理等起到重要作用。我们可以说纯粹数学、数学史、数学故事、几何图案、某些特殊意义的数字都是数学文化，

1　马遵廷：《数学与文化》，《大陆杂志》，1933 年第 3 期，第 37 页。

2　陈建功：《二十世纪的数学教育》，《中国数学杂志》，1952 年第 2 期，第 2 页。

3　殷海光著：《中国文化的展望》，商务印书馆，2011 年，第 40 页。

4　李大潜：《将数学建模思想融入数学类主干课程》，《大学数学课程报告论坛 2005 论文集》，高等教育出版社，2006 年，第 16 页。

5　顾沛著：《数学文化》，高等教育出版社，2008 年，第 2 页。

6　中华人民共和国教育部：《普通高中数学课程标准（2017 年版）》，人民教育出版社，2018 年，第 10 页。

但反之不然，如不能说数学文化是纯粹数学或数学史，等等。

（二）数学文化的形态

依照上述定义，可以将数学文化形态分为纯粹数学形态、学校数学形态、应用数学形态、民族数学形态四种，这样能够更清晰地了解数学文化。这四种形态之间并不是截然分开的，它们之间也存在不同程度的联系或交叉。

图 1-3　阿德莱德《几何原本》译本

1. 纯粹数学形态

纯粹数学形态是对纯粹数学的研究成果，如欧几里得《几何原本》，图 1-3 所示的版本为 12 世纪巴斯（Bath）的学者阿德莱德（Adelard）由阿拉伯语翻译成拉丁语，1482 年由埃哈德·拉特多尔特印刷于威尼斯。这本外观精美、装饰考究的书里有着超过 400 幅几何图形。[1] 此外，还有康托尔的集合论、希尔伯特的《几何基础》等。

2. 学校数学形态

学校数学形态是指中小学数学教科书中的数学内容，它与纯粹数学的学术形态不同，虽然有一定的系统性和逻辑的严谨性，但几乎都是简化加工的内容。例如，中学虽然学习实数，但没有学习严格的实数理论。另外，教科书注重内容系统性的

---

1 〔英〕罗德里克·卡夫、萨拉·阿亚德著：《极简图书史：从古埃及到电子书》，戚昕、潘肖蔷译，电子工业出版社，2016 年，第 107 页。

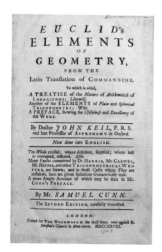 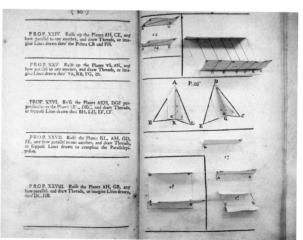

图 1-4 约翰·基尔《几何原本》 图 1-5 约翰·基尔《几何原本》中的立体几何模型

同时还要注意直观性，如近代西方对欧几里得《几何原本》的体系和内容方面也进行了改进。如牛津大学萨维尔天文学教授约翰·基尔（John Keill, 1671～1721 年）的《几何原本》把立体几何的图形用直观模型的方法处理，以便学生更容易认识图形各要素之间的关系（如图 1-4、图 1-5）。

3. 应用数学形态

应用数学形态是数学在人类活动中的应用形态，如数学在工程、军事、社会学、经济学、自然科学和艺术中的应用等。

数学是日常生活、生产实践和科学研究中十分重要的学科，正如培根所言："数学——是这些科学的大门和钥匙。正如我将证明的那样，自开天辟地以来，杰出的大科学家揭示并认定数学比起其他科学，显得更完美无瑕，并充满智慧。而拉丁人在长达三四百年的时期中，因忽视数学，以至损害了他们在各个学科的发展。下面我还要说明，因为不懂得数学，也就不懂得其他科学，不懂得世界上的一切事物，而且更坏的是，数学知识不渊博的人就发现不了自己的无知，当然也就找不到医治它的药方。与此恰恰相反,对数学的掌握可以训练人的头脑,并提高数学在其他一切知识中的地位。所以,谁了解了与数学有关的智慧的源泉,并能正确运用它们去认识其他科学和事业,他就将正确地、坚定地、在自己的能力范围内轻而易举地理解所有以后的科学。"[1]

4. 民族数学形态

关于民族数学,学者们已有界说:在数学活动中,按明确规定的教学目标或意向来操作社会文化群落中的工具与其说只是一种特定的实践,倒不如说是可认识的思维模式的结果。这种思维模式和系统实践的综合已经被称为有关文化群落的"民族数学"。儿童们刚来学校时所具有的数学知识中就包含了这种民族数学的因素。[2] 这里所说民族数学的范围比上述界说的民族数学更广一些,包括具有民族文化特征的几何图形、数字等。民族数学形态可以分为以下几个方面。

（1）神秘数论

各民族或各文化的发展中都出现过神秘数论,或者说数字崇拜现象。法国学者列维－布留尔 (Lucien Lévy-Bruhl, 1857～1939 年) 进行人类学考察后得出结论:数在集体表象中又与某种神秘的属性相联系。数在集体表象中的神秘性质在不同原始民族有其不同的表现。有的原始民族认为"1"表示善、秩序、完美、幸福的本原,"2"表示恶、混乱、缺陷的本原[3]。又如,毕达哥拉斯学派"神数论"认为,在一切数中,"1"是最基本的,它是一切数学的开始,计量一切数的单位,万物的第一原则。[4] 毕达哥拉斯学派又认为:宇宙是对立的,只有"1"还不能解释它,还必须有和它对立的"2"。因此,"1"和"2"在一系列方面都是对立的。"2"是恶、

---

1 〔美〕M. 利曼编:《数学名言录》,赵延峰译,广西人民出版社,1987 年,第 8 页。

2 张奠宙、丁尔升、李秉彝等编译:《国际展望:九十年代的数学教育》,上海教育出版社,1990 年,第 81 页。

3 〔法〕列维－布留尔著:《原始思维》,丁由译,商务印书馆,1981 年,第 204 页。

4 汪子嵩、范明生等著:《希腊哲学史 1》,人民出版社,1997 年,第 282 页。

黑暗的源泉，是一切偶数，是无限的源泉。"1"是雄性和形式，"2"是雌性和质料；"1"是诸神之父宙斯，"2"就是诸神之母瑞亚。相对于"1"讲，"2"这个数就处于次要的地位。[1] 毕达哥拉斯学派对从 1 到 10 的数赋予各种意义，有些数具有数学意义，有些数同时也具有神秘意义。

数的神秘性并不是西方古代独有，中国传统数学文化中也蕴含着极其丰富而深刻的神秘数论的内容。因此，数是"国人的第二语言"[2]。如，1 表示开始、全，2 表示阴阳、矛盾，3 表示多和天、地、人。《老子》第四十二章："道生一，一生二，二生三，三生万物。"《尚书·洪范》："五行：一曰水，二曰火，三曰木，四曰金，五曰土。"《周易》中的"八卦""六十四卦""天数""地数"等，都蕴含着原始的宇宙观和哲学观。

在古代原始民族或古代文化中数字崇拜具有重要的地位，而且在现代社会中一些民族也保存着数字崇拜的文化现象。如蒙古族和藏族崇拜奇数，关注七七、九九，这种现象在祭祀活动、宗教仪式、日常接待礼仪中都普遍存在。

由上述可见，数字除了表示事物数量外，还具有某种神秘的性质。数字的这种神秘性在不同民族有其不同的表现形式，但都是被用来表示或解释某些事物、事件。这从一个侧面反映原始人试图用数来解释自然现象，体现一种原始的神数自然观。[3] 现代人也用数字来表示一些自然现象和社会现象。

（2）民族图案

每一个民族成员不仅能自然地辨别自己民族的几何图案、符号，而且也能直觉地认知其他民族的几何图案和符号。这里不需要逻辑证明，只能心领神会，不可言传。

中华民族优秀文化是各民族在长期交流和融合过程中形成的。各民族的民族图案具有各自的文化特征，也会吸收其他民族乃至国外的文化元素。

1　汪子嵩、范明生等著：《希腊哲学史 1》，人民出版社，1997 年，第 283 页。

2　吴慧颖著：《中国数文化》，岳麓书社，1995 年，第 1 页。

3　林夏水著：《数学哲学》，商务印书馆，2003 年，第 27 页。

图 1-6 所示图样取自一只瓷碟，是一种具有装饰风格的样式，呈现三角式构图的倾向，但并不明显。中心的主题花卉占去更多相对空间，而作为花卉源头，茎蔓不再以涡卷形样式蜿蜒向前，而是反折缠绕回来。这种做法具有中国特色，流动的线条则与阿拉伯式、摩尔式、波斯式和印度式有共同之处。碟子的边饰接近希腊式。[1]

图 1-7 和图 1-8 是蒙古族图案，图 1-9 是藏族图案，图 1-10 是维吾尔族图案，图 1-11 是苗族图案。上述图案均有各自的特点，也有一定的相似性，呈现了几何的多种元素。

图 1-6　中国纹样

图 1-7　蒙古族图案

图 1-8　蒙古族图案

1 〔英〕欧文·琼斯著:《中国纹样》，周硕译，商务印书馆，2019 年，图样 19。

图 1-9　藏族图案

图 1-10　维吾尔族图案

图 1-11　苗族图案

三、数学文化的特征

　　一个数学符号、一个几何图形或图案、一个数学表达式、一个数学问题的解决方法等，都是数学文化的特征。数学文化具有如下特征：规范特征、审美特征、认知特征、历史特征、价值特征。

（一）规范特征

从纯粹数学形态看，数学是一门抽象而严谨的学科，要求论证言必有据，表述精练准确，不能模棱两可。这些特点决定了数学文化的规范性。我们说，数学是世界通用语言，正如第尔曼（C. Dillmann）所说："数学也是一种语言，从它的结构和内容来看，这是一种比任何国家的语言都要完善的语言。实际上，数学是语言的语言。通过数学，自然界在论述；通过数学，世界的创造者在表达；通过数学，世界的保护者在讲演。"[1] 从民族数学形态看，数学文化也有世代相传的规范要求。

数学有三个显著特征，即内容的抽象性、理论的严谨性和内容的广泛性。即使是小学学习的自然数也是抽象的，学生学习自然数是通过经验形成数感，在数感的基础上直觉地掌握自然数知识。如果让学生回答"什么是自然数"的问题，他们会说像1、2、3……的数叫作自然数，一般不能回答自然数的抽象概念。因此，学生学习抽象而严谨的数学知识，必须遵循数学的一套规则。

数学的规范性是历史性概念，不同历史时期和不同文化中具有不同的规范性要求。在某种程度上看，数学的规范性要求是通过数学符号语言来实现的。就像有学者指出的那样："在度量工具演进的每一个阶段上，人类都在改善量值语言工具。……数学的历史乃是文明的镜子。"[2] 从记数的符号发展史看，古代埃及、巴比伦、中国、希腊和罗马等都有各自的记数符号，而且有各自的规范性要求。但是在不同文化的广泛交流和数学发展的漫长岁月中，人们选择了印度—阿拉伯数字的记数法。

1 〔美〕R. E. 莫里兹编著：《数学家言行录》，朱剑英编译，江苏教育出版社，1990 年，第 73 页。

2 〔美〕罗伯特·哈钦斯、莫蒂默·艾德勒主编：《西方名著入门》第 8 卷《数学》，商务印书馆，1995 年，第 25 页。

又如，数学的各种运算符号逐渐实现了统一化，因而数学成为全世界的通用语言。概言之，数学符号、数学运算、数学推理、数学语言等均有规范要求。

（二）审美特征

数学是美的。数学美是在人类社会实践活动中形成的人与客观世界之间，以数量关系和空间形式反映出来的一种特殊的表现形式。这种形式是以客观世界的数、形与意的融合为本质，以审美心理结构和信息作用为基础的。正如著名哲学家和数学家罗素所说："数学，如果正确地看它，不但拥有真理，而且也具有至高的美，正像雕刻的美，是一种冷而严肃的美，这种美不是投合我们天性的微弱的方面，这种美没有绘画或音乐的那些华丽的装饰，它可以纯净到崇高的地步，能够达到严格的只有最伟大的艺术才能显示的那种完满的境地。一种真实的喜悦的精神，一种精神上的发扬，一种觉得高于人的意识（这些是至善的标准）能够在诗里得到，也确能在数学里得到。"[1]无论是数学文化的何种形态，都具有审美特征，表现出不同程度的审美意识。数学文化的审美特征因历史条件、文化环境不同而不同。众所周知，数学是崇尚科学精神的，但有些数学文化并不一定符合科学精神，如古代神秘数论或当今民俗习惯中的一些数学文化，都不符合数学的科学性和日常生活中的常识性。

就中小学数学教学和日常生活中的数学而言，数学具有统一性、对称性、简洁性、新颖性和实在性等审美特征。

1. 统一性

统一性，更通俗一点说，就是多样统一。笛卡尔说："一般地说，所谓美和愉快所指的都不过是我们的判断和对象之间的一种关系。"而这种关系就是指和谐统一的关系。笛卡尔受到统一性数学的启发，把代数和几何联系起来，建立了

---

1 〔英〕伯特兰·罗素著：《我的哲学的发展》，温锡增译，商务印书馆，1996年，第193页。

解析几何。他还设想：逻辑方法是否能用代数式来表示，使逻辑与代数统一起来。对笛卡尔来说，这个天才的设想只是一个直觉的反映而已。然而，很多数学家陶醉于这个大胆的设想，为揭示数学的内在美而忘我地探索真理，追求数学的至高的美，最终19世纪布尔代数的诞生实现了笛卡尔的设想。不同进位制数的内在统一性，使今日的信息技术得以实现。统一性思想不仅在数学发现中具有重要作用，在数学教育中也有不可忽视的作用。很多国家的中小学数学课程的内容安排都是按照统一性思想进行的。如果没有统一性，那么丰富多彩的数学内容就变成杂乱无章的库房，人们很难找出所需要的东西。例如，三角形面积公式 $S=ah/2$ 把所有三角形都统一了起来。

2. 对称性

对称性是客观世界的数量关系和空间形式的和谐和秩序的一种表现，是更丰富多样的一致性与统一性，例如数学中的群、方程等。对称性对数学教育具有特殊的价值，如我们在小学数学教学中经常讲到"高斯求和的故事"。$1+2+\cdots+99+100=$？高斯的算法是：1加100等于101，2加99等于101，3加98等于101，以此类推，一共有50个101，就等于5050。

如果采用常规方法来计算，则按前后顺序进行99次加法计算，其过程非常烦琐。如果按照高斯的方法计算，很快就能得到结果。这里体现的就是数学的对称性特征。用算式表达如下：

首先观察下列一串数：1、2、3、…99、100，可以根据对称性特点发现一个统一的规律：

$1+100=2+99=\cdots=49+52=50+51$ ……………①

由此可得：

$S=1+2+\cdots+99+100=（1+100）+（2+99）+\cdots+（50+51）=50\times101=5050$

把①用语言叙述出来就是：和这列数首末两端距离相等的每两个数的和（对

称性）都等于首末两数的和（统一性）。观察到这个规律后，就得到了最简捷的计算方法。根据这个对称性特点，在小学阶段就可以推出高中的等差数列前 n 项和公式。

对称性美学思想对数学学科的发展具有重要作用，例如非欧几何的诞生。在欧氏平面内，点和直线之间的关系并不是对称的，因为，两个点确定唯一的一条直线，而两条直线并不总有一个交点。为了解决这个矛盾，笛沙格提出了如下设想：同圆一样，直线也是一种封闭图形，其两端点的连接点在无穷远处，因而在直线上就有一个无穷远点，而且这个无穷远点就是两条平行线的交点。从这个对称性假设出发，笛沙格初步建立了射影几何的理论。

3. 简洁性

数学的简洁性，可以从数学的简单性和思维的经济性来阐述。

首先，数学的简单性表现在内容的抽象性、应用的广泛性和理论的严谨性。它是数学概念、原理和公式的简单形式和丰富内涵的统一，是把数学中的同一名称给予不同事物的高级艺术。数学的简单性表现在方法的简洁和形式的简单。希尔伯特说："把证明的严格化和简单化绝然对立起来是错误的。相反，我们可以通过大量例子来证实：严格的方法同时也是比较简单、比较容易理解的方法。正是追求严格化的努力驱使我们去寻求比较简单的推理方法。"数学家和天文学家耐普尔根据几何数列和算术数列的相应项之间的和谐的对应关系，建立对数理论，结束了极其繁杂的乘法运算，同时也揭示了四则运算的内在统一性。恩格斯在《自然辩证法》中称赞对数方法是自然科学独立时期最主要的数学方法之一。简单性在教学过程中也具有重要作用。例如，学生进行一题多解训练不仅是逻辑思维的训练，也是一种寻求简单性的过程。

其次，思维的经济性，它是指以简化的形式准确、清晰地揭示出数学研究对象之间的内在联系的思维过程。由数学的本质特征及其语言的特殊形式可以看出，数

学的作用在于产生思维经济，正如著名的维也纳哲学家马赫所说的和机器产生劳动力经济一样。彭加勒也曾阐述过："数学雅致感仅仅是由于解适应于我们心智的需要而引起的满足，这个解之所以能够成为我们的工具，正是因为这种适应。因此，这种审美的满足与思维经济密切相关。"例如，在研究集合时采用韦恩图，又如无穷序列 $\{a_n\}$ 收敛的定义：$\forall \varepsilon > 0$，存在一个 N（$n > N \rightarrow |a_n - a| < \varepsilon$），等等。这些定义方法抽象、严谨，其语言形式极为简单。它的产生和发展是人类思维产生思维经济的基本需要之一。数学语言的这种经济性达到了自然语言很难达到的境地，从这个意义来讲，数学及其语言能够解放人类的思维，使人类的思维逐步地深化和开阔。如 15 世纪高等学府的四则运算成为现在小学的教学内容。又如，在中国古代也有很多数学和科学上的重大发明，但由于缺乏相应的数学方法和科学语言，未能得到应有的发展。

4. 新颖性

所谓新颖性是指数学思想的独创性和数学方法的新颖性。通常把数学理论的这种新颖性叫作数学理论的奇异性。数学理论的奇异性与对称性、和谐性、统一性具有对立统一关系。在数学的发展过程中，一个新出现的数学理论总含有一种奇异，而这种奇异的思想内容只有具备和谐性才能显现出它的新颖性。对称性、简单性的最终归宿是统一性，而奇异性不然，有时奇异性标志着一种统一性的丧失，但这是相对而言的。例如，19 世纪的非欧几何的诞生，给数学王国带来了奇异的思想。由于当时的知识水平和思想观念的限制，很多数学家怀疑非欧几何的真实性，而今天，大学数学系的学生都会接受它。因为这种奇异性完满地说明了数学美的彻底性，也表明了数学发展的新的飞跃。

又如，对数学初学者来说，每一个新概念、法则都具有奇异性。这种新概念、法则的奇异性，随着学习的进展而被学习者的认知结构统一起来，这就是我们通常所说的知识的内化。

5. 实在性

数学文化的实在性,可以从内容的实在性和文化传统的实在性两个方面来阐述。

首先,内容的实在性。数学美的内容是实在的,它是逻辑的真假判断与实践的价值判断的统一。数学本身具有客观性,它是美的载体,从这个意义来讲,数学美的内容是实在的,而这种实在不是物理世界的实在,它是音乐、美术、文学作品具有的那种实在。另一方面,数学概念是人类历史发展的产物,作为一种抽象科学,新的数学概念的产生依赖于人们的审美意识和科学指导思想。例如,许多世纪以来,人们认为欧氏几何公理体系是客观世界在概念上的忠实反映,完全独立于人脑。但由罗巴契夫斯基等人创立的非欧几何完全推翻了这种观念,从而开拓出了新的几何分支。这说明开拓新的数学分支不一定是从实践中总结出来的,有时也取决于审美意识的冲动。

其次,文化传统的实在性。数学在人类文化发展过程中,提供了精神满足和审美价值。数学美和文化传统具有密切联系,一方面数学积极地影响着人类文化的发展,另一方面人类文化传统也对数学的发展具有极大的影响。例如,古希腊数学中的点、线、面、数,都是对现实的理想化和抽象,这种对理想化和抽象的偏爱在其文化中也留下了深深的烙印。从古希腊优美的文学作品、理性化的哲学、理想化的建筑和雕刻艺术中,都能看到数学美的这一实在性。又如,数的不同进制表示方法都带有不同文化的痕迹。事实上,这种现象和欧氏几何不在中国出现而在古希腊出现,微积分不在东方而在西方产生一样,都反映了不同民族的不同文化背景。

一个民族或文化集团的文化传统的实在性,在学校数学教育中也有所反映。正如有学者指出的那样:"儿童进校时就具有数学知识、思想和直觉,这些都是儿童入学前从接触到的外界经验中得来的,糟糕的是被人们极大地忽视了。刚进入学校的儿童被看成是一张白纸,一切按预先制定的数学教学内容,从头开始教。然而在所有社会文化群落里存在大量的形形色色的工具,用于分类、排序、数量化、测量、比较、处理空间的定向、感知时间和计划活动、逻辑推理、找出事件或者对象之间的关系、推断、考虑到各因素间的依赖关系和限制条件并利用现有设备去行动等等。虽然这些是数学活动，但工具却不是通常所用的明显的数学工具。但不管怎样，它们构成了数学活动的基本成分。它们的发展无疑是中小学数学教学的主要目标。按明确规定的目标或意向来操作这些工具与其说只是一种特定的实践，倒不如说是可认识的思维模式的结果。这种思维模式和系统实践的综合已经被称为有关文化群落的'民族数学'。儿童们刚来学校时所具有的数学知识中就包含了这种民族数学的因素。"[1]这种民族数学反映了文化传统的实在性，有其文化群落的审美倾向和价值。

（三）认知特征

数学文化的认知特征是数学文化的文化成员对他们所在与数学有关的环境、数学文化的历史传统，以及数学文化事件中人和事的认知的总和，认知特征的典型成就是认知者的习得结果，也与每一个体的体验密切相关。在学校教育和纯粹数学研究中要求数学文化认知的科学性，但在民俗习惯中的数学文化的认知不一定追求其科学性。

（四）历史特征

如同数学是一个历史概念，数学文化也是一个历史概念。在古希腊时期，数学包括几何学、算术、天文学和音乐，统称为"四艺"。后来天文学和音乐从数学中独立出来，成为单独的文化形态。欧几里得《几何原本》直至 1862 年才由托德亨特（Todhunter）改编成教科书 *The Elements of Euclid: For the Use of School and*

1　张奠宙、丁尔升、李秉彝等编译：《国际展望：九十年代的数学教育》，上海教育出版社，1990 年，第 81 页。

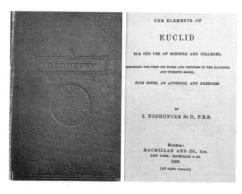
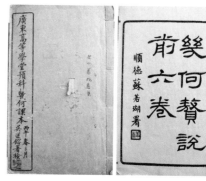

图 1-12　托德亨特改编的《几何原本》　　　图 1-13　潘应祺《几何赘说》

Colleges（如图 1-12）。而后《几何原本》的纯粹数学形态更为突出，继托德亨特之后于 1884 年由日本数学家长泽龟之助翻译出版，书名为《宥克立》。

清末中国数学教育工作者也认识到作为教科书的《几何原本》的局限性，并对其进行改编，以便满足教学要求。如 1906 年潘应祺所撰《几何赘说》（如图 1-13），是由利玛窦和徐光启翻译的欧几里得《几何原本》改编而成。

从数学符号发展史看，中国古代的数学符号、罗马数字等已经不适用于今日数学，被现代数学符号所代替。从数学神秘论的角度看，数学文化的影响在古代更大一些，而对现代文明的影响远不及古代。20 世纪以前函数是大学数学内容或者说是纯粹数学形态的数学文化，从 20 世纪初"贝利—克莱因运动"之后成为中学数学内容，即成为学校数学形态。总之，数学史充分体现了数学文化的历史特征。

（五）价值特征

数学文化的价值特征就是数学文化的文化成员因生存或求知等需要而学习数学文化或应用数学文化的工具性特征。如，中国从清末开始逐渐摆脱其传统数学而完全转向学习西方数学，这与其当时的"科学救国"之需要有关。又如，中国当下在

艺术中的数学文化史

学校数学教育中设置数学文化课程或在课堂教学中融入数学文化,也有其现实需要。在数学教学中融入数学文化时,要充分考虑每一个体的学习基础、兴趣爱好等因素,不能把个体的集合看作个体。卡富尔(Carver)认为:"文化乃人类充分发挥较高能力时剩余的精力的散发。"[1]这就是说人能够满足基本的某种需要后才有能力去享受与之有关的其他东西,包括物质和精神两个方面。如体育活动、艺术活动,都是人们有了相当经济条件、闲暇时间才能够享受的活动。学生学习数学也是如此,掌握了最基本的数学知识并学有余力,才能更好地去学习数学文化。对还没有掌握基本的数学知识的学生过多地进行数学史、数学文化教育,反而会分散学生的精力,产生负面影响。

---

1 殷海光著:《中国文化的展望》,商务印书馆,2011 年,第 33 页。

第二篇

神圣的数学

数学是神圣的。毕达哥拉斯、苏格拉底、柏拉图、亚里士多德、达·芬奇、罗吉尔·培根和罗素等人都对数学的神圣地位给予了赞美。正如培根所说："数学是科学的大门和钥匙……忽视数学必将伤害所有的知识，因为忽视数学的人是无法了解任何其他科学乃至世界上任何其他事物的。更严重的是，忽视数学的人不能理解到他自己这一忽视，最终将导致无法寻求任何补救的措施。"[1] 至于对数学的神圣性的表达，人们有各自不同的方式，数学家和思想家是用语言表达，而艺术家是用可视化的方式表达。

一、上帝用数学创造宇宙

在基督教世界里，上帝是至高无上的神圣存在，是万能的，创造了一切，创造了宇宙的秩序。"对于那些承认神存在的人来说，神圣者只是被表现为上帝的概念、表现为哲学沉思的对象，抑或表现为由在构成宗教仪式的所有虔敬行为中

---

1 〔美〕R. E. 莫里兹编著:《数学家言行录》，朱剑英编译，江苏教育出版社，1990 年，第 16 页。

受到崇拜的活的上帝，这两者的区别也至关重要。"[1] 既然上帝创造了宇宙，他就需要使用工具和手段。基督教世界的艺术家们想象并在他们的艺术作品中表现上帝创造宇宙时所使用的工具，成为西方艺术史的重要内容。上帝创造宇宙的工具就是圆规，这也说明上帝首先创造出来圆规，然后再用圆规设计并创造宇宙。这里圆规象征着数学，这也反映了数学在基督教世界里的神圣地位。另一方面，在基督教的祈祷与沉思中，圆形在圣像中具有复杂的暗示。正如拉斐尔的同龄友人、作家卡斯提里奥内（Castiglione）所说："美是由神而来，是个以善为中心的圆；而圆形没有圆心便不能存在，因此美若缺乏善便不存在。"[2] 由此可见，圆及圆规的重要性。

《上帝以圆规测量世界》是法国《圣经的道德教谕》的首卷插图（如图 2-1）。[3] 这幅惊人的画作包含着中世纪的信念——数学法则和比例协调被构建在宇宙中。画中，上帝作为万能者傲视一切，表现出强壮和自由，右脚跨出画框，超越了人类想象的界限。上帝用右手正在缔造或者测量他所掌控的地球或者宇宙。该作品的中文译名有多个，有的译成《上帝作为一个设计宇宙的几何学家》[4]。

目前，可以看到的艺术史和哲学史著作都说上帝在缔造或测量地球。从球形图形的各种要素看，中央的黄色圆形为地球，其上面的较小的黄色球形应该是太阳，周围还有一些类似于行星的更小的球形，而这些球形均处于黑色带状圆形之中。黑色带状外面是蓝色带状，最外面是有规则的深黄色圆形，这样解释也符合当时欧洲的宇宙观。

正如伽利略所说，世界是一本以数学语言写成的书。《太初》是英国诗人、艺术家威廉·布莱克（William Blake，1757～1827年）于1794年创作的水彩画，

1 《西方大观念（第一卷）》，陈嘉映等译，华夏出版社，2008年，第437页。

2 〔英〕修·昂纳、约翰·弗莱明著：《世界艺术史》，吴介祯等译，北京美术摄影出版社，2013年，第469页。

3 〔意〕翁贝托·艾柯编著：《美的历史》，彭淮栋译，中央编译出版社，2007年，第84页。

4 〔英〕彼得·惠特菲尔德著：《彩图世界科技史》，繁奕祖译，科学普及出版社，2006年，第109页。

图 2-1 《上帝以圆规测量世界》（约 1250 年）

　　　　　　　艺术中的数学文化史

现藏于美国华盛顿国会图书馆，画面表现的是上帝正在用数学设计创造宇宙（如图 2-2）。[1]《太初》有不同的译法，如《远古》《上帝创造宇宙》。《圣经·箴言》中写道："他立高天……他在渊面的周围画出圆圈，上使穹苍坚硬，下使渊源稳固，为沧海定出界限，使水不越过他的命令，立定大地的根基。"据说，这是布莱克最为喜爱的一件作品，甚至在其去世的前三天，他还坐在床上润色。[2]威廉·布莱克在《天真的预言》（约 1803 年）一首诗中写道："一沙一世界，一花一天堂；双手握无限，刹那是永恒。"这句话总结了象征的力量，说明象征不仅激发每个人心中的情感与灵感，也诉诸神性，以及人类共有的经验与记忆。[3]

威廉·布莱克的名画之一《艾萨克·牛顿》也是将数学、哲学、宗教、艺术和科学融为一体的作品（如图 2-3）。对于威廉·布莱克来说，理性是邪恶的根源。他认为，它腐蚀并撕裂了人类，使他们远离灵性。相比于规则和思想，冲动、感觉、情感和眼力更重要；同样，相比于知识和科学，孩子的纯真和原始时代的纯粹更加受到崇拜。[4]于是，他为了表达这种对理性时代的尖刻反映，创作了《艾萨克·牛顿》。威廉·布莱克将艾萨克·牛顿看作一名罪犯，因为牛顿的科学和数学杀死了人类的精神。在一幅生动的姿势画面中，牛顿正在用一副圆规绘制点线，进行重要的运算。[5]威廉·布莱克把圆规看作基本的数学工具，是牛顿科学创造的武器。

上帝用圆规创造宇宙的思想，使我们联想到魏晋时期数学家刘徽的《九章算术注》序言："昔在庖牺氏始画八卦，以通神明之德，以类万物之情，作九九之术，

1　黄才郎主编：《西洋美术辞典》，王秀雄、李长俊等编译，外文出版社，2002 年，第 91 页。

2　丁宁著：《西方美术史》，北京大学出版社，2015 年，第 368—369 页。

3　〔英〕萨拉·巴特利特著：《符号中的历史：浓缩人类文明的 100 个象征符号》，范明瑛、王敏雯译，北京联合出版公司，2016 年，第 12 页。

4　〔美〕大卫·布莱尼·布朗著：《浪漫主义艺术》，马灿林译，湖南美术出版社，2019 年，第 303 页。

5　〔美〕大卫·布莱尼·布朗著：《浪漫主义艺术》，马灿林译，湖南美术出版社，2019 年，第 303 页。

图 2-2 《太初》（威廉·布　图 2-3 《艾萨克·牛顿》（威廉·布莱克绘，1795 年）
莱克绘，1794 年）

以合六爻之变。暨于黄帝神而化之，引而伸之，于是建历纪，协律吕，用稽道原，然后两仪四象精微之气可得而效焉。"[1] 这段话源自《周易·辞系》："古者包牺（伏羲）氏之王天下也。仰则观象于天，俯则观法于地，观鸟兽之文与地之宜，近取诸身，远取诸物，于是始作八卦，以通神明之德，以类万物之情，作结绳而为网罟，以佃以渔，盖取诸离。"[2]

　　上述上帝创造宇宙或地球的作品中，上帝都在使用圆规。圆规除用于表现或象征上帝统领整个宇宙以外，它也与古代审美观念有关，如亚里士多德认为圆是最美的形状。这一思想对西方艺术家的创作产生了重要影响。无论是西方还是东方，古人想象有一个无所不知、无所不能的抽象存在创造了自己生存的宇宙，将它作为自己的精神寄托。

　　这些画作从另一方面说明了艺术家崇尚数学，他们通过上帝表现了数学的象

1　郭书春译注:《〈九章算术〉译注》，上海古籍出版社，2009 年，第 1 页。

2　杨天才、张善文译注:《周易》，中华书局，2011 年，第 609 页。

征——圆规。因此，一些艺术家在自画像的创作过程中，将圆规纳入到作品的醒目而特殊的位置。《作为瓦尔迪布莱尼奥学院院长的自画像》（如图 2-4）就是一个典型的例子，正如詹姆斯·霍尔描述的那样："他拿着一个钢铁圆规，那是身为造物主的上帝的象征，也是醉心几何学的文艺复兴艺术家的象征。不过在这里，他是威胁地举着圆规的，圆规与其说是工具，不如说是武器，没人会想和他起争执。"[1] 圆规作为数学的象征在艺术家的心目中有着崇高的地位，他们以圆规为审视世界的标准，用米开朗基罗的创作信条说就是"眼中有圆规，而不是手中有圆规"[2]。米开朗基罗抨击了学院派的看法，这种看法认为，艺术家只要遵循规定的比例和几何规则就够了。这些"规则"虽然是必须掌握的，但是，要想让人物变得好像能呼吸、动作、感觉一般，就需要用眼睛进行最终的判断。[3]

奥格斯堡的卢卡斯·基利安（Lucas Kilian of Augsburg）为了纪念丢勒逝世 100 周年创作了一幅令人惊奇的肖像版画（如图 2-5）。版画里，凯旋门顶部能看到一扇打开的门。"一对"丢勒站在拱门前，桌子两旁一边一个丢勒，正在桌子上进行几何学和透视演示。[4] 为了表明正在研究几何学，左边的丢勒设计成手持圆规进行讲解。

中世纪有大量反映学习和研究数学的艺术作品，其中重要的表现手法就是凸显圆规，用圆规象征数学的神圣地位。中世纪英国数学家利恰德是牛津大学的数学教授兼修道院的院长。艺术家为他创作了一幅作品，在这幅作品中，他正在用简单的圆规进行数学研究（如图 2-6[5]）。图 2-7 取自一本 13 世纪的哲学、科学和诗歌文

1 〔英〕詹姆斯·霍尔著：《自画像文化史》，王燕飞译，上海人民美术出版社，2017 年，第 125 页。

2 〔英〕詹姆斯·霍尔著：《自画像文化史》，王燕飞译，上海人民美术出版社，2017 年，第 159 页。

3 〔英〕詹姆斯·霍尔著：《自画像文化史》，王燕飞译，上海人民美术出版社，2017 年，第 159 页。

4 〔英〕詹姆斯·霍尔著：《自画像文化史》，王燕飞译，上海人民美术出版社，2017 年，第 149 页。

5 David Bergamini, *Mathematics*, California: Time Life Education, 1972, p.78.

图 2-4 《作为瓦尔迪布莱尼奥学院院长的自画像》（乔瓦尼·保罗·洛马佐绘，1568 年左右）

图 2-5 《阿尔伯特·丢勒双像》（卢卡斯·基利安绘，1628 年）

图 2-6 利恰德研究数学

图 2-7 几何学方面的中世纪图文叙述

图 2-8 《建筑师的故事》
（1568 年）

集的插图。[1]

　　菲利贝尔·德·洛尔姆（Philibert de l'Orme，1514～1570 年）的《建筑的第一卷》中插图《建筑师的故事》象征"第一个关于建筑师寓言展示了从中世纪洞穴到新时代的胜利"（如图 2-8）。[2] 这里胜利者使用的工具是圆规，圆规上缠绕着一条蛇，圆规是数学的象征，蛇是西方世界所敬畏的一种动物——创始者

<hr />

1 〔美〕乔纳森·莱昂斯著：《智慧宫——被掩盖的阿拉伯知识史》，刘榜离、李杰、杨宏译，台北：台湾商务印书馆，2015 年，第 15 页。

2 〔德〕伯恩德·艾弗森著：《建筑理论——从文艺复兴至今》，唐韵等译，北京美术摄影出版社，2018 年，第 215 页。

助手或者本身就是创始者[1]，也是开放思想和灵活方法的象征。圆规和蛇结合在一起更能体现出数学的神圣地位。简言之，圆规和蛇的结合，使欧洲从黑暗的中世纪走向光明的文艺复兴。

二、数学之神阿基米德

阿基米德（Archimedes，前287～前212年），伟大的古希腊数学家和物理学家，被后人誉为"数学之神"。阿基米德出身于贵族家庭，父亲是天文学家、数学家。阿基米德出生时，当时古希腊的辉煌文化已经逐渐衰退，经济、文化中心逐渐转移到埃及的亚历山大城。另一方面，意大利半岛上新兴的罗马共和国，也正不断地扩张势力。北非也有新的国家迦太基兴起。阿基米德就是生长在这种新旧势力交替的时代，而叙拉古城也就成为许多势力的角斗场所。

他留下《论球与圆柱》《圆的度量》《论劈锥曲面体与椭圆体》《论螺线》《抛物弓形求积》等十多部著作。他计算出圆周率在 $3\frac{10}{71}$ 与 $3\frac{1}{7}$ 之间，提出阿基米德浮力原理、杠杆原理、平面图形重心求法，制作天文仪器和螺旋水泵，这些成就足以让他彪炳史册。

公元前218年，罗马帝国与北非迦太基帝国爆发了第二次布匿战争。公元前216年，迦太基大败罗马军队，一直依附于罗马共和国的叙拉古宣布与罗马帝国决

---

1 〔英〕菲利普·威尔金森著：《神话与传说——图解古文明的秘密》,郭乃嘉、陈怡华、崔宏立译，三联书店，2015年，第16页。神话：太古之初，四下一片虚无，只有无尽的黑暗空洞，称为混沌（Chaos），随后在空无之中出现了一股创造力。女神欧律诺墨（Eurynome）以鸽子的外形现身，生下巨蛋。蛇——欧菲昂（Orphion）盘绕偎傍着巨蛋，使蛋受热后孵化万物，天空、高山、海洋，所有星辰与星球，以及大地盖亚（Gaia）。大地上的山脉和河流也从蛋中成形。这些事物诞生后，欧律诺墨和欧菲昂在奥林匹斯山定居，欧菲昂自称是宇宙唯一的创始者，欧律诺墨狠狠地踢他以示惩戒，但欧菲昂仍坚持己见，于是欧律诺墨将他永世囚禁于地府之中。

图 2-9　阿基米德正在
设计叙拉古的防御工事
（16 世纪版画）

图 2-10　阿基米德与罗马士兵（托
马斯·德乔治绘）

图 2-11　阿基米德与罗马士兵
（托马斯·德乔治绘）

裂，与迦太基结盟。罗马帝国于是派马塞拉斯将军领军从海路和陆路同时进攻叙拉
古。阿基米德虽不赞成战争，但出于责任，日以继夜地发明御敌武器（如图 2-9[1]）。

公元前 212 年，罗马军队入侵叙拉古，阿基米德被罗马士兵杀死，终年 75
岁。很多艺术家描绘了阿基米德被罗马士兵杀害的场景，古希腊作家普鲁塔克
（Plutarque）对阿基米德的死亡描述有三种不同版本。通过托马斯·德乔治（Thomas
Degeorge）所绘的两幅画（如图 2-10[2] 和图 2-11[3]）可以看到三点：（1）阿基米德
深知自己的祖国已经不可挽回地面临被罗马人蹂躏的命运，但是他临危不惧，仍然
坚持自己的工作，表现出一个合格公民应尽的义务。（2）攻关数学问题，孜孜以求，
在罗马人的屠刀下继续研究，展示了高尚的科学精神。（3）很多艺术作品描绘了
这种可歌可泣的庄严场面，也体现了欧洲人崇尚科学的精神。

罗马军队的统帅马塞拉斯将杀死阿基米德的士兵当作杀人犯予以处决，他为阿

1　〔英〕乔尔·利维著：《奇妙数学史：从早期的数字概念到混沌理论》，崔涵、丁亚琼译，人民邮电出版社，2016
年，第 81 页。

2　СОЁМБО НЭВТЭРХИЙ ТОЛЬ，МАТЕМАТИК，Уб，СОЁМБО принтинг，2012，p.55.

3　〔法〕Denis Guedj 著：《数字王国——世界共通的语言》，雷淑芬译，上海教育出版社，2004 年，第 100-101 页。

图 2-12　阿基米德墓　　　　　　　　　　　　图 2-13　阿基米德墓碑的复原图

基米德举行了隆重的葬礼，并为阿基米德修建了一座陵墓（如图 2-12[1]），在墓碑上刻上了"圆柱内切球"这一几何图形（如图 2-13）。墓碑上的"圆柱内切球"向世人传达着阿基米德的伟大的人格魅力和高尚的科学精神。

三、奥古斯丁崇尚数学

奥古斯丁（Saint Aurelius Augustinus，354～430年），古罗马基督教思想家、早期基督教哲学体系的完成者、拉丁教父主要代表。354年奥古斯丁出生于罗马帝国北非塔加斯特城，父亲帕特里修斯为异教徒，是该城行政官；母亲莫妮卡是虔诚的基督教徒，对奥古斯丁的一生产生了极大影响。奥古斯丁接受了古典教育，后来到迦太基大学学习修辞学，期间他放弃了基督教，开始了享乐主义的生活，并表明了对摩尼教的信仰。383年，他去了意大利，在那里住了五年。在这五年的后半期，

1　СОЁМБО НЭВТЭРХИЙ ТОЛЬ，МАТЕМАТИК，Уб，СОЁМБО принтинг，2012，p.55.

他在米兰当修辞学教授。正是在米兰，在其母亲和安布罗斯主教的影响下，他皈依了基督教。那段故事构成了他的名著《忏悔录》的基础。奥古斯丁于 387 年受洗，彼时他已写出了一些最重要的早期著作，包括《反学园派》《独白》。

388 年，他回到了迦太基，此后再未离开北非。他建立了一个修道院，周济穷人，成为反对摩尼教的著名辩论家。391 年，他被任命为希波的教士。395 年，他成了希波的大主教，一直到 430 年去世。他将生命的后 40 年用于大量的写作，不知疲倦地工作，努力在北非传播基督教教义。

奥古斯丁著有《忏悔录》《论三位一体》《上帝之城》《论自由意志》《论美与适合》等著作，其中《忏悔录》和《上帝之城》是模仿欧几里得《几何原本》的公理体系撰写。他用几何学或数学证明的方式证明上帝存在和灵魂不朽的哲学思想。例如，他论证灵魂不朽的时候，并没有依靠启示或神学的推测得出结论。奥古斯丁的出发点是宣称真实的事物虽可能停止存在，但真理本身是永恒的。真理若不存在，它必定存在于某种同样永恒的事物中，"因为某个事物若不存在，任何事物都不会存在于该事物之中"。他接着论证说，对必然真理（例如几何学和数学）的性质的思考，表明真理必定存在于灵魂（或精神）之中。由此证明，灵魂是不朽的。[1] 奥古斯丁用同样的方法论证了上帝的存在。在奥古斯丁的精神生活和现实生活中，都能看到几何学的影子。15 世纪末意大利著名画家桑德罗·波提切利（Sandro Botticelli，1445～1510 年）的作品《奥古斯丁》（如图 2-14[2]）中，奥古斯丁的法冠放置在面前的桌子上，右侧靠墙的书柜上放置着机械钟、浑天仪和几何学著作（如图 2-15）。作为哲学家，奥古斯丁不仅模仿《几何原本》体系完成其哲学著作，而且十分崇尚几何学。

---

1 〔英〕杰里米·斯坦格鲁姆、詹姆斯·加维著：《西方哲学画传》，肖聿译，新华出版社，2014 年，第 146 页。

2 Frank Zollner, *Botticelli*, New York: Prestel Verlag, 2015, p.43.

图 2-14 　《奥古斯丁》　　　　　　图 2-15 　《奥古斯丁》局部图

四、作为科学语言的数学

　　很多人都知道《数：科学的语言》这部世界名著，该书著者为托比亚斯·丹齐格（Tobias Dantzig，1884 ～ 1956 年），1884 年出生于俄国，1910 年去美国，获得印第安纳大学博士学位后，就在哥伦比亚教书，又在马里兰大学任教。他的著作有《几何学的故事》《科学面面观》《古希腊人的遗赠》《数：科学的语言》。爱因斯坦称赞《数：科学的语言》是他看到过的关于数学进化过程的最好的书。[1]该书深入浅出地讲述了数的概念的进化。数的概念的产生与发展，对人类认识自身和自然界起到了关键作用。

　　丹齐格说，数是科学的语言。正如英国科学家和经济学家兰斯洛特·霍格本所

1　〔美〕罗伯特·哈钦斯、莫蒂默·艾德勒主编：《西方名著入门》第 8 卷《数学》，商务印书馆，1995 年，第 187 页。

言："人们必须学习它们。……它们是方便的工具，没有它们的协助，关于世间事物性质的真理就不能从一人传达给另一人。"[1] 因此，自古以来亚里士多德、康德、马克思等人对数学语言的赞美不胜枚举。康德说："由概念的构想而来的理性知识就是数学的。因此，虽然一种一般而言的纯粹自然哲学，亦即仅仅研究总的来说构成一个自然概念的东西的自然哲学，没有数学也是可能的，但关于一定自然事物的一种纯粹的自然学说（物体学说和灵魂学说）却惟有凭借数学才是可能的。"[2] "任何一门自然科学，只有当它能应用数学工具进行研究时，才能算是一门发展渐趋完善的真正科学。"[3] 我们在这里不去讨论其深奥的哲学问题，只关注数学在科学研究中的重要作用。

关于数学在科学研究中的作用，数学家、哲学家等从不同角度论述颇多，引起人们无限的遐想和思考。数学在天文、地理等学科中，应用十分广泛。

图 2-16　托勒密

（一）托勒密的数学信念

托勒密（Ptolemy，约 90～168 年），希腊数学家、天文学家、地理学家和占星家（如图 2-16）。[4] 托勒密出生于埃及，约在 127 年到亚历山大里亚求学，

1　〔美〕罗伯特·哈钦斯、莫蒂默·艾德勒主编：《西方名著入门》第 8 卷《数学》，商务印书馆，1995 年，第 20 页。

2　李秋零主编：《康德著作全集》第 4 卷，中国人民大学出版社，2005 年，第 479 页。

3　〔美〕R. E. 莫里兹编著：《数学家言行录》，朱剑英编译，江苏教育出版社，1990 年，第 84 页。

4　〔英〕彼得·惠特菲尔德著：《彩图世界科技史》，繁奕祖译，科学普及出版社，2006 年，第 55 页。

此后在这里进行了大量的天文观测与科学研究。他的主要贡献是总结了希腊古天文学的成就，写成百科全书式的巨著《天文学大成》13卷。主要论述宇宙的地心体系，认为地球居于中心，日、月、行星和恒星围绕着它运行，被称为"托勒密地心体系"。此书在中世纪被尊为天文学的标准著作，直到16世纪中哥白尼的日心说发表，地心说才被推翻。《天文学大成》也是西方三角学的一个重要来源，给出了0°～90°间隔半度的弦表，这是世界上第一张三角函数表，对后世三角学和天文学的发展裨益良多；给出了托勒密定理：圆内接四边形对角线的乘积等于两组对边乘积之和，并依据该定理计算出其他角度的弦长。托勒密另外一部重要著作是《地理学指南》8卷，是他绘制的世界地图的说明书，其中也讨论了天文学原则。另有《光学》5卷，讲述眼睛与光的关系、平面镜与曲面镜的反射、大气折射现象等。

1. 托勒密的世界地图

托勒密认为只有数学才能提供可信赖的知识，因此，他的理论往往以数学为骨架。[1]例如，《地理学指南》要求读者拥有基础的天文学、地理学、数学的知识。在《地理学指南》中，托勒密系统地阐述了如何基于天文学、数学的方法，以经纬度坐标描述地点并绘制地图。该书中没有地图，但是有像菜谱一样详细的说明。1295年博学多才的僧侣马克西莫斯（Maximus Planudes，1260～1310年）在东罗马帝国（拜占庭帝国）发现《地理学指南》后，人们开始复原该书中的地图，这逐步改变了欧洲人绘制地图的方法，最终也改变了欧洲人对于这个世界的认知。[2]这里从托勒密诸多地图中仅举一幅1482年出版商林哈特（Lienhart Holl）在德国乌尔姆(Ulm)刊行的《托勒密的世界地图》（如图2-17）。古希腊人知道的世界包括欧洲、西亚和北非。托勒密不知道中国东部的海，而印度洋被认为是被陆地包围着的。在已标明的经度180°左右，向东标着加那利群岛，这构成已知世界的最西点。当然，该地

---

1 邓宗琦主编：《数学家辞典》，湖北教育出版社，1990年，第700页。

2 李戈主编：《西方古地图30讲》，人民交通出版社，2021年，第3、5页。

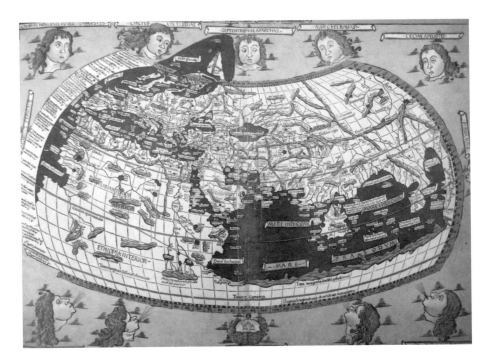

图 2-17 《托勒密的世界地图》

图不是精确的地图，托勒密对已知世界中把西欧到中国中部扩大到几乎 170°，而实际上只有 130° [1]。

2. 托勒密定理与第一张三角函数表

《天文学大成》第 1 卷主要讲述球面三角，虽然托勒密是为了研究天文学而创立三角术，并研究球面三角学，但其奠定了平面三角学的理论基础。

托勒密曾证明一个重要定理，即托勒密定理：任意圆内接四边形中，对角线的乘积等于两对边乘积之和，即 $AC \times BD = AB \times CD + AD \times BC$（如图 2-18）。在该定理中，若将圆内接四边形特殊化，成为圆内接长方形，且对角线 AC（或 BD）为 1 时（如

1 〔英〕彼得·惠特菲尔德著：《彩图世界科技史》，繁奕祖译，科学普及出版社，2006 年，第 55 页。

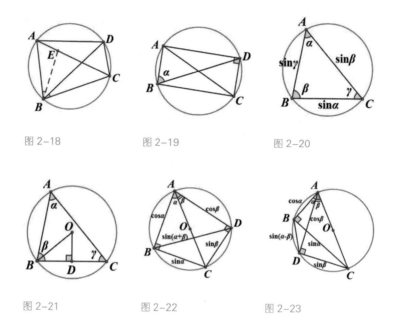

图 2-18   图 2-19   图 2-20

图 2-21   图 2-22   图 2-23

图 2-19），设 $\angle ABD = \alpha$，则 $AC \times BD = AB \times CD + AD \times BC = 1 = \cos^2\alpha + \sin^2\alpha$，这便是三角恒等式中的基本公式。

托勒密在制作弦表时，当然是从特殊角开始，即如 $36°$、$72°$、$60°$、$90°$ 等的角所对应的弦长。在这里，托勒密给出若圆的直径为 1，当圆周角已知时，它所对应的弦长可用正弦定义来表示（如图 2-20、图 2-21）。因为 $\angle\alpha = \angle BOD$（同弦所对的圆周角等于圆心角的一半），所以 $\sin\alpha = \sin\angle BOD = \dfrac{BD}{OB} = \dfrac{BD}{\dfrac{1}{2}} = 2BD = BC$。

这实际上就是现代三角学中的重要公式——正弦定理，而圆内接三角形也正是托勒密在进行测量与计算时所用的基本图形。

若圆的直径为 1，则根据该定理，可以很容易地计算出圆内接多边形中已知角所对应的弦长，再利用托勒密定理，即得 $\sin(\alpha+\beta) = \sin\alpha\cos\beta + \cos\alpha\sin\beta$，$\sin(\alpha-\beta) = \sin\alpha\cos\beta - \cos\alpha\sin\beta$（如图 2-22、图 2-23）。这与平常所使用的利用代数知识来求两角和差公式不同，托勒密向我们展示了利用几何学知识的精妙。

托勒密也正是使用这些公式来计算出非特殊角所对应的弦长，进而制作出完整的世界上第一张三角函数表。

（二）《王中之王》中的天文台

16 世纪，文艺复兴时期天文学有新的发展。历史学家和艺术家也关注天文学的这一发展趋势，并认识到数学在天文学研究中的重要作用。在 16 世纪洛克蔓（Logman）的著作《王中之王》中的一幅插图展示了塔奎丁位于加拉塔的私人天文台（如图 2-24）。作品中展现了在天文学研究中使用的数学和天文仪器，包括天体观测仪、四分仪、三角板、罗盘和照准仪。该天文台创立于 1575 年，因其天文预测不受欢迎而只是昙花一现。[1]

图 2-24　塔奎丁在位于加拉塔的私人天文台里

无论是上帝用数学创造或测量世界，还是丢勒艺术中的天使教授数学、阿基米德临危不惧地研究数学，都反映了在西方世界里数学的神圣地位。"数学是至上的。数学是上帝的生命。神灵的信使就是数学家。纯粹数学是宗教。获得数学需要借助于神的显现。"[2]

---

1 〔美〕理查德·曼凯维奇著：《数学的故事》，冯速等译，海南出版社，2014 年，第 67 页。

2 〔美〕R. E. 莫里兹编著：《数学家言行录》，朱剑英编译，江苏教育出版社，1990 年，第 18 页。

3

《雅典学院》中的数学文化

　　雅典是古希腊民主自由、科学精神和哲学智慧的象征，奠定了近现代西方文化的基础。正因为雅典具有如此重要的历史地位，拉斐尔（Raphael，1483～1520年）把自己宫廷作品命名为《雅典学院》。《雅典学院》的完成不仅是艺术创作的巨大成功，也是西方科学的信念和精神的充分彰显。其中蕴含着丰富多彩的数学文化，使我们可以借此想象西方数学文化发展的丰富内涵和基本线索。

　　《雅典学院》是意大利著名画家拉斐尔应教皇尤利乌斯二世的委托，于1509～1511年在梵蒂冈教皇宫殿的签字宫中创作的无与伦比的壁画（如图3-1）。当时拉斐尔只有25岁。签字宫的最初设计是按照图书馆的装饰要求进行的，因此，其中的绘画意味着当时的人文学科的四个分支——神学、哲学、诗学和法学——在天花板的圆盘上以拟人化方式表现。其中哲学对应的画作就是《雅典学院》。庄严的风格、人物从容的动作与姿态、宏伟的建筑结构及其对称性、空间的深度，使得这件作品成为文艺复兴全盛时期的一幅杰作，对艺术史、哲学史和科学史研究产生重要意义。拉斐尔对主题的精彩描绘、深沉笃定的笔调风格，都蕴含着一种追求知识的古典理想。《雅典学院》中毕达哥拉斯、柏拉图、亚里士多德、欧几里得、托勒密、拉斐尔等历史上的哲人与学者52人汇聚一堂，参与哲学和科

图 3-1 《雅典学院》（拉斐尔绘，1509~1511 年）

学讨论、教授、学习、谈话、沉思，每一个人都神情专注。作品正中间是柏拉图和亚里士多德，柏拉图的手指向天空，象征着理念哲学思想；亚里士多德的手指向地面，预示着实践哲学思想。因此，艺术史家指出："理论型的思想家们聚集在柏拉图的一边；而另一边则是'科学家们'。"[1]《雅典学院》将 2000 多年的历史时间和空间浓缩在一幅画中，彰显了作者的天才想象力。

《雅典学院》的设计理念变成现实，仅有拉斐尔的天才想象力还不够，还必须得到教皇尤利乌斯二世的准许才能够按照自己的想象去创作。这也说明不仅民间知识阶层崇尚科学精神，而且官方在科学文化方面的态度也与民间知识阶层高度一致，否则《雅典学院》就不可能问世并留传后世。

正如英国教育家和哲学家索尔兹伯里（Salisbury）的约翰（John，约 1120～1180 年）所说："我们是站在巨人的肩膀上的矮子。"[2]拉斐尔的《雅典学院》也是从前人的相关艺术作品中得到启示而创作的。例如，但丁在《神曲·地狱

1　〔英〕修·昂纳、约翰·弗莱明著：《世界艺术史》，吴介祯等译，北京美术摄影出版社，2013 年，第 471 页。

2　〔英〕肯尼斯·克拉克著：《文明》，易英译，中国美术学院出版社，2019 年，第 112 页。

篇》第四章（130-147 行）中描绘的场景，就会让人们联想到《雅典学院》的主题。

> 当我稍微举目去望远察遐，我看见了有识之士的老师（即亚里士多德），坐在那里，周围是一群哲学家。人人都向他致敬，向他仰止。那里，我看见苏格拉底和柏拉图，先于其他人，和他相距咫尺。德谟克利特——视世界为偶然的通儒，第欧根尼、阿那克萨哥拉和泰勒斯、恩培多克勒、赫拉克利特和芝诺等人物。我看见那位采集草药的好夫子——我是说狄奥斯科利德斯——以及奥尔甫斯、西塞罗、利诺斯、利用言辞劝世的赛涅卡、几何学家欧几里得、托勒密、希波克拉底、阿维森纳、盖伦，写下了著名疏论的阿威罗伊。[1]

从《雅典学院》反映的内容来看，它包括了中世纪的"七艺"——算术、几何、天文学、音乐、文法、逻辑学和修辞学。就构图布局而言，最底层左下角安排了数学家和哲学家毕达哥拉斯在教授算术，右下角安排了欧几里得在教授几何学，中层安排了天文学家、逻辑学家和修辞学家等，最顶层中央安排了理念哲学家柏拉图和自然哲学家亚里士多德，他们的左面安排了苏格拉底。这表明了数学是所有学科的基础、哲学是所有学问的最高境界的观点。

一、毕达哥拉斯播下现代数学的种子

毕达哥拉斯（Pythagoras, 约前 580～前 500 年）生于爱琴海的萨摩斯岛。自幼好学，四处游历，拜人为师，学习天文学、算术、几何学和宗教思想。因与当地执

1　韩伟华著:《被误读的经典: 从拉斐尔的〈雅典学园〉透视意大利文艺复兴时代艺术与宗教的关系》,周宪主编:《艺术理论与艺术史学刊（第一辑）》,中国社会科学出版社, 2018 年, 第 134 页。

政者不和，迁居意大利南部的克罗顿，组织社团（称为毕达哥拉斯学派），从事宗教、科学、社会和政治的活动，讲授宗教、哲学和科学知识（如图3-2）。他逝世后，其学派被迫解散，到公元前4世纪，它作为一个学派已经消亡。公元前1世纪曾复兴过，到3世纪新毕达哥拉斯学派与新柏拉图学派同化，其影响长达800年之久。

图3-2 《雅典学院》局部图

在数学方面，毕达哥拉斯学派发现并证明了若干数学定理和公式。

毕达哥拉斯定理：直角三角形斜边的平方等于两个直角边的平方和。

三角形内角和定理：三角形内角和等于180°。

$(a+b)^2 = a^2 + 2ab + b^2$

$(a+b)(a-b) = a^2 - b^2$

$4ab + (a-b)^2 = (a+b)^2$

在宗教思想方面，他们宣扬灵魂不死、轮回转世说。他们认为，灵魂是不朽的，人死后灵魂就离开肉体，投生为其他生物；灵魂的轮回出现，说明没有一件东西是绝对新的，一切生物的血缘是相通的；灵魂降生是一种惩罚，为了在来世获得幸福，必须通过入教和净化等宗教仪式。在自然科学方面，他们研究了天文学、医学、生理学、谐音学和机械学等。在天文学方面。他们提出地是球形的，它不是宇宙的中心，处于中心位置的是中心火团。在医学方面，他们用实验和观察的方法研究胚胎学，发现视神经，认识到大脑是感觉和理智活动的中心。在谐音学方面，他们从比较不同重量的铁锤打铁时发出的不同谐音，测定不同音调的数量关系。

（一）"数学"术语

毕达哥拉斯学派首先提出了"数学"一词，包括算术、音乐、几何学和天文学四个学科，故称"数学"为"四艺"。这一分类方法一直延续到文艺复兴时期。毕达哥拉斯学派对"数学"的四个分支进行了概念界定：算术，研究绝对不连续的、具有多少的量；音乐，研究相对不连续的量；几何学，研究静止的、连续的、具有大小的量；天文学，研究运动的、连续的量。后来艺术家为了纪念毕达哥拉斯学派提出的数学"四艺"，创作了绘画作品。绘画中的四个女性分别为音乐家在伴奏，算术家右手持计算工具左手计算，几何学家在作图，天文学家手持天文仪器（如图3-3）。这幅画出自波爱修《算术》（*Arihmetic*）的一个9世纪的手抄本。[1]

毕达哥拉斯学派的数学"四艺"后来扩展为"七艺"——文法、修辞、逻辑学、算术、几何、天文和音乐。在格雷戈尔·赖施（Gregor Reisch）《哲学珍宝》（*Margarita Philosophica*）（1503年）中的一幅插图中，中间是一个三个头的人物，围绕其周围的是文科七艺。拿着计算板进行计算的学者处于中心位置，这也说明算术的学科地位（如图3-4）。[2]

在"四艺"扩展为"七艺"的过程中，有一个小插曲。古希腊执政官加图（Cato）和瓦罗（Varro），都反对希腊学术。瓦罗打算把"四艺"扩展为"九艺"，即文法、逻辑学、修辞学、几何、算术、天文学、音乐、医药和建筑学。最后两种后来被卡西奥多拉斯（Cassiodorus）删去，这样就形成了"七艺"[3]。

从严格的意义上讲，自由七艺专指五六世纪的拉丁百科全书家（Latin encyclopedrists）编纂成文的那些技艺，他们的著作为数个世纪的学术生活提供了

---

1 〔美〕戴维·林德伯格著：《西方科学的起源》，张卜天译，湖南科学技术出版社，2016年，第315页。

2 〔美〕卡尔·B.博耶著，〔美〕尤诺·C.梅兹巴赫修订：《数学史》，秦传安译，中央编译出版社，2014年，第301页。

3 〔英〕斯蒂芬·F.梅森著：《自然科学史》，周煦良、全增嘏等译，上海译文出版社，1980年，第50页。

图 3-3 《四艺的化身》　　　　　　　　　　图 3-4 《哲学珍宝》插图

基本内容和形式。[1]

　　中世纪教会学校开设的课程是七门文科课程，它们涉及语言学科的三个方面，即语法、修辞和逻辑。高一级的课程有四个学科，它们是关于数的学科，这就是算术、几何、天文和音乐。[2]

　　"七艺"在西方历史上具有重要的教育意义，中世纪的艺术家们格外珍视它，在艺术品中充分展示了"七艺"。例如，因圣母玛利亚圣庙而著称的法国夏特尔大教堂王室大门西侧的雕塑展现的就是"七艺"（如图 3-5、图 3-6）。[3]

　　这些学科都以同古代缪斯相关的女性形象作为它们的象征。在这幅雕刻作品中，那些女性形象下面是一些最著名的倡导知识的人物。在拱门饰外侧左下角，亚里士多德正在把手中的笔放进墨水池。在他上面，一个代

1　〔美〕戴维·L. 瓦格纳著：《中世纪的自由七艺》，张卜天译，湖南科学技术出版社，2016 年，第 1 页。

2　〔美〕威廉·弗莱明、玛丽·马丽安著：《艺术与观念：古典时期——文艺复兴》，宋协立译，北京大学出版社，2010 年，第 215 页。

3　〔美〕威廉·弗莱明、玛丽·马丽安著：《艺术与观念：古典时期——文艺复兴》，宋协立译，北京大学出版社，2010 年，第 216 页。

图3-5 《贞女玛利亚生平》（夏特尔教堂西侧贞女大门门楣雕刻，约 1145~1170 年）

图3-6 《贞女玛利亚生平》局部图

表逻辑学的人正在沉思。她一只手拿着长有像龙头似的象征思想敏锐的蛇，另一只手拿着知识的火炬。然后是伟大的雄辩家西塞罗的形象，在他上面是代表修辞学的人物形象，该人做着手势正在演讲。另外两个人物是欧几里得和代表几何学的人物，他们都在聚精会神地计算。在同一饰带中还有代表算术的人物，其中一位可能是波伊提乌斯。在他们下方是一个目视繁星的代表天文学的人物，他手里拿着蒲耳式篮，象征科学与历法的密切关系，对夏特尔这样的农耕地区来说，他是非常重要的。中世纪的人们认为，托勒密发明了历法和钟表，所以他的名字代表历法。

最下一层的人物是代表语法和古代罗马语法学家多纳图斯的形象。代表语法的人物一只手拿着一本打开的书，另一只手处于两个小学生头的上方，手里拿着戒鞭，一个小学生正笑着拉扯另一学生的头发。

七个人物中最后两个接近拱门饰的内侧。下面的人物是著名的音乐理论的奠基人毕达哥拉斯，他正在搁在腿上的小桌上写着什么。这是中世纪流行的一种写作方式。他身后的墙上有一个搁架，上面放着笔和吸墨具。

在毕达哥拉斯上面是象征音乐的人物，她的周围有各种乐器，身后有一只测定音程和确定音高的一弦琴，墙上挂着一只三弦琴。她腿上放着一只八弦琴。她正在敲打由三只钟组成的套钟，暗示毕达哥拉斯发现的完美音程的数学比值——八度音、五度音和四度音。[1]

（二）神秘数论

人类对数的神秘性认识早已有之，即使是现代人对数也有神秘的认识。毕达哥拉斯学派对数的神秘性有较系统的论述，有些是有科学依据的，有些具有浓厚的神秘色彩。在拉斐尔画作《雅典学院》中毕达哥拉斯前面放置的小黑板上有 1+2+3+4=10 的内容，用毕达哥拉斯三角形数的形式写出。这些数字除具有数学的计算意义外还蕴含着丰富而神秘的意义，这个现象被称为"神秘数论"。毕达哥拉斯学派对数的神秘认识如下：

"1"是最基本的，它既是一切数的开始，又是计量一切数的单位。因为数的原则就是万物的第一原则（本原），而数的原则就是奇和偶，也就是有限和无限；"1"是产生奇和偶的，所以"1"是数的第一原则，它就是万物的第一原则的第一原则，是最高的本原。"1"是创造者，由"1"产生原始的运动或"2"，接着就产生第一个数"3"，"3"就是宇宙。"1"是有限的源泉和形式。毕达哥拉斯学派将"1"等同于阿波罗神，有时将它等同于诸神之父、宇宙的创造主宙斯。有时又将"1"看成是至上的本体，因为它是一切数的源泉。有时将"1"看作是真理、存在的原因、朋友和船。"1"是平衡宇宙中一切要素的原因，它使要素彼此友好相处，才使宇宙成为统一的整体。"1"表示几何学的点。

"2"是第一个偶数，是宇宙中不足或过度的象征。"2"象征古希腊的母神，暗指"2"引起宇宙中的恶；又因为 2 产生的偶数所组成的磬折形（gnomons）是长方形，而不是正方形，所以是罪恶的魔鬼，表示恶。"2"表示余缺，又表示勇敢。

---

1 〔美〕威廉·弗莱明、玛丽·马丽安著：《艺术与观念：古典时期——文艺复兴》，宋协立译，北京大学出版社，2010 年，第 215–216 页。

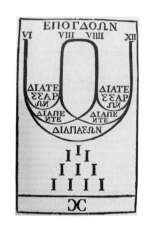

图3-7 《雅典学院》小黑板上显示的数字

它是从"1"分离出来的，是一种勇敢而鲁莽的行动。"2"与"1"产生第一个数"3"，所以"2"也是数的创造者。"2"本身不是数，但它是构成数的质料或雌性的要素。"2"表示几何中的直线，因为连接两点产生直线。

"3"，世界以及其中的一切是由数目"3"所决定的，因为开端、中间和终结就是提供了"全"这个数，这个数叫作"3"。"3"表示稳定，因为三个点确定一个平面。

"4"的重要性仅次于"1"。"4"是创造主创造宇宙的数字模型，代表组成宇宙的四种元素：水、气、土、火。

"5"是第一个奇数"3"和第一个偶数"2"相加后的第一个数字。是处于"10"这个数的中间的数，是中心数。包含一个雄性的奇数和一个雌性的偶数。

"6"是第一个完美的数"5"和"1"相加的结果，即1+2+3=6。是第一个奇数和偶数相乘的结果，即2×3=6。是循环数，因为自乘结果最后一位总是"6"，即$6^2=36$，$6^3=216$。

"7"是从"1"到"10"的数中，唯一既不是任何数的因子，又不是任何数的乘积。它是"3"加"4"的和，它和"4"一起，处于从"1"到"10"之间的算术级数的中项；因为1+3=4，4+3=7，7+3=10。

"8"是第一个立方数，即$2^3=8$。是伟大的"4"，因为前4个奇数之和(1+3+5+7=16)加上前4个偶数之和（2+4+6+8=20）的和（16+20=36），等于"1""2""3"3个数的立方之和（$1^3+2^3+3^3=36$）。

"9"是"3"的平方数，是"10"之前的最后一个数，所以占有重要地位。

"10"是最完满的数，1+2+3+4=10（如图3-7所示）。[1]

1　汪子嵩、范明生等著：《希腊哲学史1》，人民出版社，1997年，第280–290页。

（三）"万物皆数"思想

毕达哥拉斯学派主张"万物皆数"的数学哲学思想。简言之，万物的本原为数，宇宙万物之间具有统一的单位，可以互相之间共度。换言之，万物可以由整数或两个整数比来表示，后来将这个事实叫作有理数，即任何一个有理数都可以写成分数 m/n（m，n 都是整数，且 $n \neq 0$）的形式，也就是说 m，n 是可共度的。这与他们发现并给出证明的毕达哥拉斯定理的应用之间出现不可调和的根本矛盾，发现正方形的边长和对角线之间没有统一的度量单位，引起了数学史上的"第一次危机"，这对后世的数学和哲学思想的发展有极其重要的作用。好比说，毕达哥拉斯定理是种子，"万物皆数"的哲学思想是阳光，雅典的自由思想环境是土壤，在阳光的照射下种子在土壤中生根发芽，孕育了近现代数学。

毕达哥拉斯学派的发展可以分前期和后期两个阶段，他们对事物和数的关系有着不同的观点。前期毕达哥拉斯学派认为"事物就是数"，而后期毕达哥拉斯学派则认为"事物模仿数"。他们都认为"数是事物的形式因和质料因""数学对象独立存在于可感事物之中"。其中，"数学对象独立存在于可感事物之中"的观点成为其门徒柏拉图和柏拉图的门徒亚里士多德严厉批判的对象。

二、柏拉图奠定西方崇尚数学的思想

《雅典学院》的正中间安排了柏拉图和亚里士多德（如图 3-8），他们分别代表了理念哲学与自然哲学。柏拉图在左臂下夹着他的著作《蒂迈欧篇》，柏拉图认为，在物质世界之上存在着一个永恒不变的理念世界，因而拉斐尔将他表现为右手手指指向天空。亚里士多德拿着他的著作《伦理学》，一只手指向地面。亚里士多德认为，知识的获得必须通过对物质世界的经验观察和体验。

图 3-8　《雅典学院》局部图　　　　图 3-9　柏拉图

柏拉图（Platon，前 427～前 347 年）是古希腊著名的哲学家（如图 3-9），40 岁时成为毕达哥拉斯学派门徒。后来创办柏拉图学园，成为当时研究和传授哲学、数学和自然科学的中心。柏拉图的教学是以辩论形式展开，1568 年瓦萨里在《艺苑名人传》第二版中对《逻辑》这幅浮雕进行了解读，指出画面中正在辩论的两个人是柏拉图和亚里士多德，他们的思想是整个中世纪和文艺复兴时期文化知识的基础（如图 3-10）。[1]

（一）柏拉图的数学哲学思想

柏拉图认为，数学是"把灵魂拖着离开变化世界进入实在世界的学问"[2]，实在世界就是永恒不变的理念世界。这表明了数学在柏拉图心目中的地位，柏拉图在

1　〔意〕蒂莫西·弗登著：《佛罗伦萨圣母百花大教堂博物馆》，郑昕译，译林出版社，2018 年，第 100 页。
2　林夏水著：《数学哲学》，商务印书馆，2003 年，第 42 页。

图 3-10 《逻辑》

图 3-11 柏拉图在柏拉图学园为他的哲学家朋友讲
解几何学

其学园匾额上写道："不懂几何，不得入内。"柏拉图从不同角度阐述自己对数学重要价值的认识，如他首先提出"理念"这个概念时强调：理念是数；理念数的生成原则是一和"不定的二"；理念数的实在性比数学数高一等级；理念数与数学数的区别是在单位的可结合上，数学数的单位无一例外地彼此可以互相结合；而理念数中不同数的单位是不能结合的，如"本 2"的单位不能与"本 3"的单位结合，其余的理念数也是如此。柏拉图虽然不是数学家，但是他对数学价值的认识对后世产生了极大影响。在意大利那不勒斯附近的庞培发现的一张罗马图画中，柏拉图正在自己创办的学园里讲课，他用一根棍子在地上画图，为他的哲学家朋友讲解几何学（如图 3-11[1]）。[2]

质疑、辩论和批判是西方的学术传统，柏拉图是这一传统的开创者之一。他

<hr />

1　Lynn Gamwell，*Mathematics and Art:A Cultural History*，Princeton:Princeton University Press，2015，p.13.

2　〔英〕迈克尔·阿拉比、德雷克·杰特森著：《科学大师》，陈泽加译，上海科学普及出版社，2003 年，第 11 页。

批评毕达哥拉斯学派"数学对象独立存在于可感事物之中"的观点，提出了"数学对象分离独立存在于可感事物之外"的观点，但被他的门徒亚里士多德无情地否定了。

（二）柏拉图的正多面体

古希腊贤哲们观察和探索自然时，发现了正多面体的存在，并给出了正多面体只有五种的证明。柏拉图等哲学家将正多面体作为描述自然本原存在的基本几何形式。开普勒亦将正多面体和球体结合的几何模型作为行星运动的宇宙模型。用正多面体刻画自然和宇宙是否科学，我们在这里不做讨论。重要的是，人们已普遍认可正多面体的存在是神圣的。对哲学家、数学家、天文学家、艺术家和科学家来讲，它们的存在具有无限的魅力。我们在想象正多面体的时候，脑海里便浮现出毕达哥拉斯、柏拉图、欧几里得、笛卡尔、开普勒、伽罗瓦、埃舍尔、帕乔利、达·芬奇、达利等一长串伟大人物的名字。

在学校数学教育中，正多面体具有重要的作用。作为特殊的多面体，正多面体是几何学从二维空间过渡到三维空间的重要内容。对于刚刚接触空间几何体的学生来讲，正多面体自然是一个适宜的桥梁。它们不仅帮助学生更容易地从平面过渡到三维空间，还能够激发学生学习数学的兴趣。

1. 正多面体的历史

人类最初通过矿物结晶的形状了解到正四面体、正六面体、正八面体和近似的正十二面体，而人工制作的正十二面体是在 2000 多年前伊特鲁里亚（意大利中西部的古国）遗物中以青铜器的形状出现。近几十年，人们发现很多散射虫的结构呈现出正多面体的形状。一种病毒的结构呈现出正二十面体的形状，晶体硼（B_{12}）的结构单元也是正二十面体。

关于三维空间内只有五种正多面体学说的历史，可以追溯到古希腊时期。据说，此时埃及人已经知道正四面体、正六面体和正八面体。毕达哥拉斯及其学派已研究得出正多面体只有五种的结论，即由全等的正三角形生成的正四面体、正八面体和正二十面体，以及由全等的正方形生成的正六面体、由全

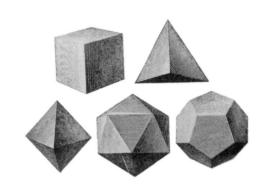

图 3-12　柏拉图多面体

等的正五边形生成的正十二面体。而由其他全等的正多边形是不能生成正多面体的。并且他们认为正四面体、正六面体、正八面体和正二十面体分别构成宇宙的四要素，即火、土、气和水，而正十二面体与宇宙联系在一起。

进一步发展这种正多面体宇宙观的是古希腊哲学家和教育家柏拉图。柏拉图在其《蒂迈欧篇》中，详细讨论了在理智的宇宙结构中正多面体扮演的角色[1]。他设想宇宙起始只有两种三角形，一种是底角为 45° 的等腰直角三角形，一种是底角分别为 30° 和 60° 的直角三角形，由这两种三角形就可构成四种正多面体，它们分别对应构成宇宙五种微粒中的四种。火微粒是正四面体，气微粒是正八面体，水微粒是正二十面体，土微粒是正六面体，而正十二面体则构成第五种元素，柏拉图称其为精英。[2] 正多面体也因此被称为柏拉图多面体或柏拉图立体（如图 3-12）。

而与柏拉图同时期的古希腊数学家泰阿泰德（Theatetus，约前 417～前 369 年）一般被认为是第一个证明了只存在五种正多面体的人。其证明的依据是构成一个立体角的所有角之和要小于 360°。

————————

1　〔古希腊〕柏拉图著：《柏拉图全集（第三卷）》，王晓朝译，人民出版社，2003 年，第 265 页。

2　〔英〕斯蒂芬·F.梅森著：《自然科学史》，周煦良、全增嘏等译，上海译文出版社，1980 年，第 27 页。

继泰阿泰德之后的集古希腊古典数学之大成者——欧几里得，他完成了世界数学史上第一个数学公理体系著作《几何原本》，其第 13 卷 18 个命题以严谨的演绎推理，详细论述了正多面体的相关问题。

2. 正多面体与开普勒天体运行模型

柏拉图正多面体不是一个单纯的几何学问题，它与毕达哥拉斯学派和柏拉图的神秘数论以及古希腊天文学思想有着密切的联系。正多面体的思想对后世的科学思想也产生了重要影响。如伟大的天文学家开普勒（Johann Kepler，1571～1630 年，如图 3-13）寻找神圣的天体运动模型就是从柏拉图的正多面体开始的。开普勒认为，恰好存在六颗行星和五种正多面体，这是有意义的。他相信上帝是按照一种数学模式创造太阳系的，因此他试图把行星与太阳的距离同这些几何形体关联起来。在 1596 年出版的《宇宙的神秘》中，他不无自豪地宣布，他已经成功地洞察了上帝的创世计划。[1]

开普勒认为只有六颗行星绕着太阳运动：水星、金星、地球、火星、木星和土星。在开普勒生活的年代，太阳系的其他三颗行星还没有被发现。为什么是六颗行星？为什么出现在天空中现在的位置上？上帝这样安排宇宙的时候一定有着神圣的目的。这肯定是建立在某些数学原理的基础上。行星在三维空间中运动，它们的运动轨迹也许和三维物体，如球和立方体有关。关于这个问题，开普勒提出了大胆的设想：

在六颗行星的六条轨迹中有五层空间。开普勒根据欧几里得几何学中的"规则固体"——柏拉图的五种正多面体，设想行星运动体系。但是行星有六颗，上帝也造不出第六个正多面体。于是开普勒想象宇宙可能是由六个球体（行星的轨道）构成的。它们之中可能是五个内切的正多面体。这就解释了上帝为什么正好造了六个

---

1 〔美〕约翰·洛西著：《科学哲学的历史导论》，张卜天译，商务印书馆，2017 年，第 41 页。

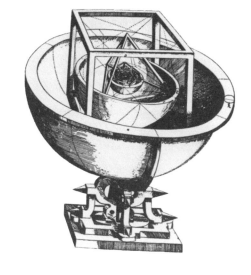

图 3-13　开普勒　　　　　　　　　　　图 3-14　开普勒天体运行模型

行星——只是因为第七个行星没有空间可放。行星之间距离的比率可能和正多面体的尺寸有关系，用它可以解释行星在空间的分布情况。他根据自己设想的行星体系制作了模型（如图 3-14[1]）。

　　如果土星的轨道在一个正六面体的外接球上，则木星的轨道便在该正六面体的内接球上，在木星轨道内内接一个正四面体，则该正四面体的内切球便是火星的轨道，再在火星的轨道内内接一个正十二面体，其内切球是地球的轨道，依此方法，在地球轨道内内接一个正二十面体，其内切球是金星的轨道，在金星轨道内内接一个正八面体，其内切球是水星的轨道，这样太阳就处于开普勒模型的中央。[2]虽然轨道的大小和行星之间的距离看起来符合其他科学家的观察，但是开普勒的设想建立在一个错误的结论之上，那就是太阳系只有六颗行星。

1　〔德〕开普勒著：《世界的和谐》，张卜天译，北京大学出版社，2011 年，导读，第 2 页。

2　〔德〕开普勒著：《世界的和谐》，张卜天译，北京大学出版社，2011 年，导读，第 9–10 页。

而此时法国哲学家、数学家勒内·笛卡尔正在探寻能将正多面体统一描述的永恒真理。他通过研究五种正多面体顶点的数量、面的数量和边的数量间的关系，最终得出了 $v-e+f=2$，其中 v 为顶点数，e 为边数，f 为面数。笛卡尔终于解开了它们的神秘面纱，而且这个公式可以适用于所有多面体。遗憾的是，最后出于对教会的顾忌，笛卡尔并没有将这个重要发现公之于世。[1] 我们今天知道这个公式被称为欧拉公式。在笛卡尔之后，德国数学家、物理学家欧拉（Euler,1707～1783 年）也独立发现了一般多面体意义下的这个公式。19 世纪后半期，数学家开始在四维以上空间内研究正多面体。《美国数学杂志》创刊号（1879 年）刊登了一篇重要文章，它介绍了四维空间中正多面体有六种，星形正多面体有十种等重要发现。

正多面体不仅在几何学中有重要地位，在代数学中也扮演着重要角色。如数论中的群，其中五次对称群分解的一个特殊群Ⅰ与正二十面体有着相对应的旋转对称性，而这个特殊群Ⅰ正是取自正二十面体英文单词"icosahedron"的首字母。[2]

3. 达利绘画作品中的正多面体

萨尔瓦多·达利（Salvador Dali，1904～1989 年）是一位具有卓越天才和想象力的画家。在把梦境的主观世界变成客观而令人激动的形象方面，他对超现实主义、对 20 世纪的艺术做出了杰出贡献。

达利也非常重视柏拉图正多面体，试图在正多面体内容纳自己的创作主题，达利的《最后晚餐的洗礼》（如图 3-15）就是如此：作者受到欧几里得几何学的影响极深，他把最后晚餐的洗礼设计在一个柏拉图学派用于象征整个宇宙的正十二面体之中。[3]

1 〔以〕阿米尔·艾克塞尔著:《笛卡儿的秘密手记》，萧秀姗、黎敏中译，2008 年，上海人民出版社，第 253 页。

2 〔日〕大栗博司著:《用数学的语言看世界》，尤斌斌译，人民邮电出版社，2017 年，第 227 页。

3 〔美〕理查德·曼凯维奇著:《数学的故事》，冯速等译，海南出版社，2014 年，扉页，第 7 页。

图3-15 《最后晚餐的洗礼》
（萨尔瓦多·达利绘，1955年）

三、亚里士多德阐释何谓数学

亚里士多德（Aristoteles，前384～前322年）是古希腊著名哲学家和科学家。除《雅典学院》外，艺术家也留下了关于亚里士多德学习研究的其他作品（如图3-16[1]、图3-17[2]）。亚里士多德18岁到雅典入柏拉图学园学习，柏拉图去世后离开学园。公元前335年在雅典吕克昂另立讲坛，称为吕克昂园，又称"逍遥学派"。其学风与柏拉图学园不同，它注重多方面从实际中收集材料，提出问题和研究问题。亚里士多德博学多才，研究领域涉及哲学、政治学、逻辑学、数学、物理学、天文学、生物学等学科，这使他成为科学史上第一个分类学家。

亚里士多德对数学进行深入思考，并第一次提出：数学是理论科学；数学是研究数量（抽象的量）的科学；数学对象是抽象的存在；数不是事物的本体而是属性。[3]其中的"数学对象是抽象的存在"，是批判毕达哥拉斯学派的"数学对象独立存在

---

1 〔英〕杰里米·斯坦格鲁姆、詹姆斯·加维著：《西方哲学画传》，肖聿译，新华出版社，2014年，第13页。

2 〔英〕杰里米·斯坦格鲁姆、詹姆斯·加维著：《西方哲学画传》，肖聿译，新华出版社，2014年，第88页。

3 林夏水著：《数学与哲学——林夏水文选》，社会科学文献出版社，2015年，第88-98页。

图 3-16　亚里士多德（吉罗拉
莫·莫塞托绘，1531 年）

图 3-17　工作中的亚里士多
德（17 世纪版画）

图 3-18　亚里士多德教
授天文学的情景

于可感事物之中"和柏拉图的"数学对象分离存在于可感事物之外"观点而提出的；
"数不是事物的本体而是属性"是批判毕达哥拉斯学派的"万物皆数"思想——事
物是数和事物模仿数而提出的。亚里士多德提出：数学是每一门科学不可缺少的，
它是研究各门具体科学的前提。

　　亚里士多德的思想对古代阿拉伯世界产生了重大影响，阿拉伯人用他们的艺术
展示了这一历史现象（如图 3-18）。[1]

四、欧几里得建立第一个公理系统

（一）艺术作品中的欧几里得

　　欧几里得（Euclid，约前 330 年～前 275 年），古希腊数学家，被称为"几何之父"。

1 〔美〕乔纳森·莱昂斯著：《智慧宫——被掩盖的阿拉伯知识史》，刘榜离、李杰、杨宏译，台北：台湾商务印书
　　馆，2015 年，第 11 页。

图 3-19 欧几里得（贾斯特斯绘，收藏于乌尔比诺的公爵宫）

他出生于雅典，公元前 300 年左右活跃在埃及亚历山大。图 3-19 所示这幅欧几里得画像是由根特的贾斯特斯（Justus）所绘，现在收藏在意大利乌尔比诺（Urbino）的公爵宫。[1] 他的伟大功绩在于撰写了流传 2000 多年的教科书《几何原本》（13 卷，后人补 2 卷）。《几何原本》的重要性不在于它论证的具体定理，而在于欧几里得对前人证明的定理进行整理，用亚里士多德的逻辑学方法，甄选一套定义、公理和定理，循序渐进地揭示它们之间的逻辑关系，建立了数学史上的第一个公理体系。

《几何原本》是严谨的逻辑推理体系的杰作，对锻炼人的逻辑思维起到了重要作用，对历史上的伟大思想家和科学家产生了巨大影响。作为教科书，《几何原本》诞生之后，其他数学教科书逐渐被人们遗忘了。欧几里得"在几何里，没有专门为国王铺设的大路"成为千古箴言，这是在托勒密国王向他询问是否有学习几何学的捷径的时候，欧几里得给出的回答。

---

1 〔英〕彼得·惠特菲尔德著：《彩图世界科技史》，繁奕祖译，科学普及出版社，2006 年，第 39 页。

图 3-20　欧几里得研究数学（1334 ～　图 3-21　《雅典学院》局部图
1340 年）

除《几何原本》外，欧几里得还有保存下来的《已知条件》和《圆形的分割》
两部著作，另有《推论集》《现象》《光学》和音乐、力学方面的著作。其中《光
学》是希腊文的第一本透视学著作。

正因为欧几里得的伟大功绩，他成为欧洲艺术家们创作的对象，他们会在进
行建筑设计或艺术设计时在合适的位置上安排欧几里得。在一幅建筑物浮雕中，
欧几里得正在聚精会神地作图，进行几何研究（如图 3-20）。[1] 在《雅典学院》中，
欧几里得正在教授几何（如图 3-21）。

（二）艺术作品中的非欧几里得几何

100 多年以前人们开始认识到欧氏几何不是唯一统一的几何体系，欧氏几何以
外还有各种非欧几何，如罗巴切夫斯基几何、黎曼几何等。非欧几何是揭示相对论
等现代科学的理论工具，但与人们的传统认知和直观经验相去甚远，不易掌握。对

1　СОЁМБО НЭВТЭРХИЙ ТОЛЬ. МАТЕМАТИК，Уб.，СОЁМБО принтинг, 2012，p.50.

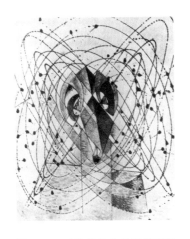

图 3-22 《被非欧几里得苍蝇所
困扰的人》（恩斯特绘，1949 年）

图 3-23 《非欧几里得几何学》（埃舍尔绘）

此，艺术家用作品表达了非欧几何学的理解难度。图 3-22 所示这幅作品表现了非
欧几何苍蝇般地困扰着人们。[1]

荷兰著名艺术家埃舍尔（Escher）更关注数学与艺术的关系，创作了一幅《非
欧几里得几何学》（如图 3-23）。这是雷依斯利用双曲线拼贴而成一个非欧几
何的例子。埃舍尔也按非欧几何原理做实验，把整个宇宙压缩在一块面积有限的
盘子上。[2]

1　黄才郎主编:《西洋美术辞典》，王秀雄、李长俊等编译，外文出版社，2002 年，第 281 页。

2　〔美〕克利福德·皮寇弗著:《数学之书》，陈以礼译，重庆大学出版社，2015 年，第 104 页。

4

苏格拉底的数学教学智慧

　　古希腊著名的哲学家和教育家苏格拉底在"勇气""美德"和"知识"等哲学问题的讨论中，通过提问引导学生自己思考，自己得出结论——知识，由这个过程形成了"产婆术"。在使用"产婆术"的教学过程中，苏格拉底强调心灵，要求自我反省，认识自己，根据自我认识去做事。苏格拉底在关于美德的讨论中，通过用"产婆术"教授几何知识来阐述何谓美德。他所使用的"产婆术"的另一个形式"谬误问题"教学法使人惊诧不已，进而开启人们的智慧。苏格拉底的几何教学案例完美地展示了他的数学教学智慧。

一、苏格拉底关于数学的观点

　　苏格拉底（Socrates，前 469～前 399 年）是"第一个建立了道德体系并且赋予道德价值以优先地位的希腊哲学家"和教育家（如图 4-1）。[1] 他从事哲学的方式就是与他人对话，一般都在大街上进行。他没有留下著述，我们通过他的学生柏拉

---

1 〔美〕乔治·萨顿著：《希腊黄金时代的古代科学》，鲁旭东译，大象出版社，2010 年，第 335 页。

图和色诺芬的著作了解他的思想。苏格拉底主要的哲学观点有：认识自己；有智慧的人知道自己的无知；他自己一无所知，唯一知道的就是自己的无知；未经审视的人生没有价值；德行即知识，知识即德行。苏格拉底、柏拉图和亚里士多德并称为"古希腊三贤"，是西方哲学的奠基者。

苏格拉底给他的对话者留下了深刻印象。据说苏格拉底相貌丑陋但言谈迷人，柏拉图在《会饮篇》中记载，微醺的阿尔基比亚德（Alcibiade）把苏格拉底比作林神玛西阿（Marsyas）。他告诉人们说："就拿我自己来说吧，先生们，要不是怕你们说我已经完全醉了，我可以向你们发誓，他的话语对我有过奇妙

图 4-1　苏格拉底云石雕像
（约公元前 3 世纪）

的影响，而且至今仍在起作用。一听他讲话，我就会陷入一种神圣的疯狂，比科里班忒式还要厉害。我的心狂跳不止，眼泪会夺眶而出。噢，不仅是我，还有许多听众也是这样。"通过发起讨论，苏格拉底试图为对话者们提供一面镜子。他强调人们认识自身："只要我还处在对自己无知的状态，要去研究那些不相关的事情那就太可笑了。"在《斐多篇》中，柏拉图用深情的笔触记述了苏格拉底的临终故事："我的朋友，他高尚地面对死亡，视死如归。"[1]苏格拉底认为研究某一个遥远的星星是愚蠢的事情。他的佯作无知伤害很多自认为有智慧的人，他简朴的生活方式暗示着对那些以正当或不正当方式获取金钱和纵情享受为主要目的的人的否定。这样苏格拉底为自己树立了很多敌人，为此他付出了沉重的代价。

公元前 399 年，苏格拉底以"犯有拒绝接受国家所公认的诸神并引进异邦之神

1　〔荷兰〕扬·波尔、埃利特·贝特尔斯马等主编：《思想的想象——图说世界哲学通史》，张颖译，北京大学出版社，2013 年，第 23 页。

图 4-2　苏格拉底之死（夏尔·阿尔丰斯·杜·福莱诺伊绘，1650 年）

的罪行；还犯有腐蚀青年人的罪行"，最后被判处死刑。从《苏格拉底之死》中可以看到，苏格拉底赴死之时，亲人和弟子们在哭泣（如图 4-2[1]、图 4-3）。尽管苏格拉底曾获得逃脱死刑的机会，但他仍选择饮下毒酒，因为他认为逃脱死刑只会进一步破坏雅典法律的权威。

　　苏格拉底不是科学家和数学家，但是非常重视数学，后世认为他"掌握了他那个时代的数学理论"[2]。图 4-4 是埃德蒙多·哈雷（Edmond Halley，1656 ～ 1742 年）编纂的拉丁语版阿波罗尼奥斯《圆锥曲线论》（1710 年）扉页插图。苏格拉底学派的哲学家阿里斯提波（Aristippus，约前 435 ～约前 350 年）的船只遇到暴风雨失事后，到达罗德斯岛。看到描绘在沙滩上的几何图形之后，他告诉同行者："不用惊慌，这里不是有人类足迹吗？"就这样他们去了罗德斯城，在那里讨论哲学并补给生活用品。同行人员回去时问亚里斯提卜给家里人是否捎信时，他说告诉孩子

1 〔英〕杰里米·斯坦格鲁姆、詹姆斯·加维著：《西方哲学画传》，肖聿译，新华出版社，2014 年，第 79 页。
2 〔德〕君特·费格尔著：《苏格拉底》，杨光译，华东师范大学出版社，2016 年，第 12 页。

图 4-3　《苏格拉底之死》〔雅克－路易·大卫绘，1787 年〕

们出海航行的时候要适当地准备海难时所需要的行李和费用。这里象征性地表达了两个方面的意思：一方面，人们即使是在失去财产的情况下，只要具备一定的教养就能够应付一生所需；另一方面，人们只要具备几何学的知识，就能够洞察世界并应用自如地解决困难。[1] 图 4-5 是戴维·格雷戈里（David Greogory）编辑的欧几里得《光学》（*Oxford*，1703 年）的卷首插图，它例证了维特鲁威《建筑十书》第十书第一段讲述的一段逸闻。苏格拉底的弟子之一昔兰尼的阿里斯提波在罗得岛海岸遭遇了海难，他发现了沙滩上所画的几何图形并且高呼："我们有希望了，因为这些是人留下来的痕迹。"[2] 苏格拉底把数学和人类文明的发展联系起来，认为数学预示着人类文明的进步，阐明了数学的重要性。

　　苏格拉底主张"政治家所需要的教育也包括'科学'知识—算术、天文学、几何学以及音乐"[3]，这四个领域就是毕达哥拉斯学派在历史上首次提出的"数学"

1　〔日〕田瑞毅、讚岐胜、矶田正美：《曲线的事典：性质·历史·作图法》，东京：共立出版株式会社，2009页，第 30 页。

2　〔美〕乔治·萨顿著：《希腊化时代的科学与文化》，鲁旭东译，大象出版社，2012 年，第 62 页。

3　〔美〕F.N. 麦吉尔主编：《世界哲学宝库——世界 225 篇哲学名著评述》，中国广播电视出版社，1991年，第 158 页。

图 4-4　阿波罗尼奥斯《圆锥曲线论》扉页插图　　图 4-5　欧几里得《光学》卷首插图

的四个组成部分。这种思想对柏拉图的影响是极其深刻的，柏拉图在《理想国》中明确提出："作为管理者，他除了应受音乐、体育等教育之外，他还应当花费十年时间钻研算术、几何、立体几何和天文学。"[1] 这里柏拉图对数学学科组成部分的理解与其老师毕达哥拉斯有所不同，他没有把音乐划入数学学科中。苏格拉底的学生色诺芬回忆说："苏格拉底也劝人学习算术，但对于这，也像对于其他事情一样，他劝人避免做无意义的劳动。无论什么有用处的事，他总是亲自和他的门人一同研究，一同进行考察。"[2] 苏格拉底还认为，与科学研究、智慧研究脱节的政治科学难以成为名副其实的科学。苏格拉底有时候对科学研究持有鄙视的态度，他认为研究某一个自然实物是愚蠢的行为，因为人们还没有真正了解、认识自己。苏格拉

1 〔美〕F.N. 麦吉尔主编：《世界哲学宝库——世界 225 篇哲学名著评述》，中国广播电视出版社，1991 年，第 128 页。
2 〔古希腊〕色诺芬著：《回忆苏格拉底》，吴永泉译，商务印书馆，1984 年，第 184 页。

底对科学的态度是自相矛盾的。尽管如此，他的思想对后世的数学和科学产生了积极影响。

第一，他坚持清晰的定义和分类。从柏拉图的《斐利布斯篇》中得知，苏格拉底首先区分了生产知识与教育知识。算术、测量以及称重属于纯粹的生产技艺的因素，余下的是推测性知识。必须区分实物计算和只涉及数目的纯粹的算术。[1]这里我们注意到区分"实物计算"和"数目的纯粹的算术"，这是极为重要的区分，例如古希腊人可以把一个东西平分为两个相等部分，但他们绝不会说1/2的东西，而说成一半的东西。因为1/2是纯粹数目，而不是实物，古希腊人认为1是一个不可分的单位，既然是一个单位，那就是不可能分割的整体。毕达哥拉斯学派认为："1"是最基本的，是一切数的开始，计量一切数的单位，万物的第一原则。[2]因此，古希腊没有分数的概念，那么有人会问"如何解释1/2？"他们用2与1的比例来说明。这种观点最晚也从毕达哥拉斯开始，后来由苏格拉底、柏拉图和亚里士多德继承与发扬。对苏格拉底的这种术语的定义和命题的分类思想，柏拉图认为，定义和分类到一定程度后不能再进行。他说："那些研究几何与算术一类学问的人首先假设有奇数和偶数，有各种图形，有三种角以及其他与各个知识部门相关的东西。他们把这些东西当作已知的，当作绝对的假设，不想对他们自己或其他人进一步解释这些事物，而是把它们当作不证自明、人人都明白的。从这些假设出发，他们通过首尾一贯的推理，最后达到所想要的结论。"[3]另一方面，苏格拉底的定义和分类的思想，对亚里士多德的逻辑学和科学思想产生了深刻影响。

第二，他运用了一种可靠的逻辑发现法（产婆术）和辩证法。对于"产婆术"的

1　〔美〕F.N.麦吉尔主编:《世界哲学宝库——世界225篇哲学名著评述》,中国广播电视出版社,1991年,第162页。

2　汪子嵩、范明生等著:《希腊哲学史1》,人民出版社,1997年,第280—281页。

3　〔古希腊〕柏拉图著:《国家篇》,《柏拉图全集（第二卷）》,王晓朝译,人民出版社,2003年,第508页。

特征及步骤，将在后面介绍。对于辩证法，不同历史时期的不同学者有不同的理解。在苏格拉底那里，"辩证法是科学的一种工具。在苏格拉底看来，'还没有其他的方法能通过一个规范的过程，来理解一切真实的存在或获得每一事物自身的性质'。它超越了各种较低阶段的艺术，后者'关注人们的欲望或看法，或者致力于提出创造性的和建设性的观点'。它同样超越了各种数学科学，这些科学'对真实的存在有所把握……却从不考察其未经检查就使用的前提，也不能说明这些前提'。辩证法把它们当作侍女和助手，'直接走向第一原理，是唯一远离假设，以便使它的基础更加牢固的科学'"。[1]

第三，他对法律的职能有着深刻的认识，并且十分尊重法律。

第四，他的理性怀疑论为科学研究提供了基础。他让人们认识到：拒绝进行无正当理由的陈述是科学智慧的开端。[2]

第五，他要求人们认识自己，内省反思。他指出："若想认识自己，就必须认识自己的灵魂，尤其是它的神性部分。"[3]

第六，某些几何学的问题是没有普遍解法的，只有作了某种规定之后，这个问题才有解。[4]

二、苏格拉底"产婆术"在数学教学中的应用

苏格拉底虽然不是数学家，但是他用数学来阐明自己的"产婆术"，开启人们

---

1 《西方大观念（第一卷）》，陈嘉映等译，华夏出版社，2008 年，第 277 页。

2 〔美〕乔治·萨顿著：《希腊黄金时代的古代科学》，鲁旭东译，大象出版社，2010 年，第 336 页。

3 〔美〕乔治·萨顿著：《希腊黄金时代的古代科学》，鲁旭东译，大象出版社，2010 年，第 323 页。

4 〔美〕F.N. 麦吉尔主编：《世界哲学宝库——世界 225 篇哲学名著评述》，中国广播电视出版社，1991 年，第 102 页。

的智慧。读到柏拉图对话集中苏格拉底关于数学的一些阐述时，人们都为苏格拉底的数学智慧所折服。

"产婆术"是苏格拉底用于引导学生自己思索，自己得出结论的方法。苏格拉底的母亲是助产士，他以助产术来形象比喻自己的教学方法，同时以纪念他的母亲。这种方法分四部分：讥讽（诘问）、助产术、归纳和下定义。所谓"讥讽"，即在谈话中让对方谈出自己对某一问题的看法，然后揭露对方谈话中的自相矛盾之处，使对方承认自己对这一问题实际一无所知。所谓"助产术"，即用谈话法帮助对方回忆知识，就像助产士帮助产妇产出婴儿一样。"归纳"是通过问答使对方的认识能逐步排除事物个别的特殊的东西，揭示事物本质的普遍的东西，从而得出事物的"定义"。这是一个从现象、个别到普通、一般的过程。在柏拉图的《美诺篇》中，苏格拉底对几何学的问题解决过程充分展示了"产婆术"的作用。

在《美诺篇》中讲到把一个正方形面积加倍的著名段落里，苏格拉底把"回忆知识"的必然性揭示得淋漓尽致。

苏格拉底认为，人的灵魂是不朽的，经历着无穷无尽的生死轮回。在这个无穷无尽的轮回过程中，人的灵魂认识了世界的全部事物。（这种灵魂不死的思想是从毕达哥拉斯学派那里继承而来的。）所以与其说知识是获得某些新的认识，倒不如说知识是对于已知的、后来又被忘却的事物的回忆。（这种知识回忆说的思想对笛卡尔和莱布尼兹的哲学思想产生了重要影响。）这一见解令美诺惊诧不已，于是他询问苏格拉底能否证实这一点。苏格拉底并未对这个理论提出直接的论证，不过他通过向美诺的一个奴隶孩子提出一些问题，让这个从未受过数学训练的孩子证明出几何题，从而证明了这个观点（如图 4-6[1]）。

这个证明本身是极为简单的，但却并非一目了然。所要证明的问题是确定一个

---

1 〔法〕阿贝尔·雅卡尔著：《睡莲的方程式——科学的乐趣》，姜海佳译，广西师范大学出版社，2001 年，第 57 页。

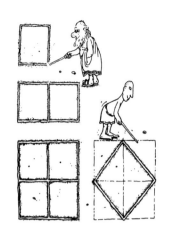

图 4-6 苏格拉底教授几何

面积为已知正方形面积两倍的正方形的边长。苏格拉底画了一个正方形，这个正方形边长为2尺，其面积等于4平方尺。随后，苏格拉底又在孩子面前画出这个正方形的对角线。于是他询问这个孩子，其面积两倍于这个正方形的正方形的边长是多少，从图上可以看出这个正方形的面积应是8平方尺。一开始孩子说所求正方形的边长应是4尺，但经过提问和演示图形，他认识到这个回答所导致正方形的面积是16平方尺而不是8平方尺。以后他又推测所求正方形的边长应为3尺，但他随即意识到这样画出的正方形面积是9平方尺，所以这个答案也不能成立。最后孩子以已知正方形的对角线为边长画出正方形，从而解决了这个问题，得到了一个其面积两倍于已知正方形的正方形。苏格拉底没有给出孩子答案，而是通过提出一系列问题引导孩子找到答案。

关于这个故事，有的典籍中说"正方形面积加倍问题"是柏拉图首先发现的，如古罗马的维特鲁威《建筑十书》第九书中说："我将举出柏拉图众多极其实用的发现之一，正如他所说的'有一块正方形的基址或田地，各边长度相等，如果要使它的面积成为原来的两倍，就需要一种数字，这种数字通过计算是求不出的，只有画出一系列精准的线条才能求出。'"[1]

苏格拉底的这种用"产婆术"指导求出新正方形的方法，除了对一般教学法有重要启示以外，对数学教学也有重要的借鉴作用。例如，我们把问题倒过来说就是：用两个相同的正方形构造一个新正方形。我们将问题变化为：能否用两个不同的正

---

1 〔古罗马〕维特鲁威著:《建筑十书》,〔美〕I. D. 罗兰英译,〔美〕T. N. 豪评注插图, 陈平中译, 北京大学出版社, 2012 年, 第 155 页。

方形构造一个新正方形？答案是肯定的，由勾股定理直接可以引证：$a^2+b^2=c^2$，即两个正方形面积之和等于第三个正方形的面积。可以用古希腊数学家欧几里得或中国古代数学家刘徽的证明方法，也可以用折纸几何方法（或实验几何方法）。如果把两个不同的正方形当作一般情形的话，那么前面的问题就是其特殊情形。我们进而可以提出：能否用 n 个相同（或不相同）的正方形构造一个正方形吗？答案也是肯定的，可以用数学归纳方法来说明。

现实数学教学中存在的问题是，初中数学教师教授勾股定理时，很少考虑学生在小学所学相关平面图形知识和勾股定理的实验几何特性及其扩展。

三、通过谬误培养辩证思维能力

数学教学一般采用从已知的事实和条件出发，通过各种操作、变式、开放等途径达到某种结果，很少采用从谬误性问题出发达到正确结论的教学方法。2000 多年前，苏格拉底就采用通过谬误性问题培养学生辩证思维和数学能力的教学方法。

有一天苏格拉底与一位几何学家谈论"全体大于部分"这个几何学公理，他设计了这样一个题目，使几何学家大吃一惊：

如图 4-7，自线段 AB 的两端作等长的线段 AC 和 BD，使 $\angle ABD$ 为直角，$\angle BAC$ 为钝角。连接 CD 并作线段 AB、CD 的中垂线 OM、ON，相交于 O 点。则 $AO=BO$，$CO=DO$（中垂线上任一点和两端点等距离）。又 $AC=BD$。

∴△$AOC \cong$△BOD（SSS）

∴$\angle OAC = \angle OBD$（对应角）

又$\angle OAB = \angle OBA$（等腰三角形底角）

∴$\angle BAC = \angle ABD$

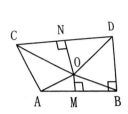

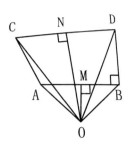

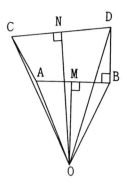

图 4-7　　　　　　　　　图 4-8　　　　　　　　图 4-9

即钝角等于直角。

如果说交点是在线段 *AB* 之下（如图 4-8），同样可证得∠*OAC* = ∠*OBD*，两边分别减去∠*OAB* 及∠*OBA*，结果还是∠*BAC* = ∠*ABD*。[1]

如果说交点落在线段 *AB* 上，则情形更为简单，无需另证。

总之，钝角等于直角。我们把这个问题叫作苏格拉底的谬误问题。

问题出在什么地方？苏格拉底进行到这里后并没有指出出现错误的原因，而把问题留给了对话者。对话者从结论开始检查每一步证明，似乎没有错误。如果按照苏格拉底的作图往下证明同样得到错误结论，那么问题究竟出在哪里呢？从直观上看，苏格拉底的作图过程也没有问题，但是按严格要求作图后发现不可能得到苏格拉底的图形，而是得到另外一个图形，具体情况如下：

本题原证的错误在于作图不准确。在正确的图形中，∠*OAC* 和∠*BAC* 不是在线段 *AC* 的同一边（如图 4-9）。

所以∠*BAC* = 360° − ∠*OAC* − ∠*OAB*

∠*ABD* = ∠*OBD* − ∠*OBA*

1　吴国盛著：《科学的历程（上册）》，湖南科学技术出版社，1995 年，第 105 页。

但$\angle OAC = \angle OBD$（$\triangle AOC \cong \triangle BOD$）

$\angle OAB = \angle OBA$（等腰三角形底角）

$\therefore \angle BAC - \angle ABD$

$= 360° - \angle OBD - \angle OBA - (\angle OBD - \angle OBA)$

$= 360° - 2\angle OBD$

因$\angle OBD$是$\triangle BOD$内的一角，故$2\angle OBD$必小于$360°$

$\therefore \angle BAC > \angle ABD$。

苏格拉底的谬误问题告诉人们，在数学学习和哲学思考中不能以直观的表面现象为依据，应该以严格的逻辑为根据。直观具有欺骗性，不可靠。直观的不可靠性并不是苏格拉底第一个发现的，而是毕达哥拉斯用其定理计算正方形对角线长度时，与他哲学的根本思想——"万物皆数"发生不可调和的矛盾之后发现的。直观在说明问题时非常有用，但是也有欺骗性。从此，几何学的演绎推理成为西方的理性精神和数学教育思想的传统。

苏格拉底谬误问题被提出后，西方数学家制作了很多类似的问题，以培养学生的数学思维和辩证思维，例如"线段等于其部分""船长的故事"等。

问题一：线段等于其部分

证明：如图4-10，设$\triangle ABC$是不等边三角形，顶角是最大角。

自顶点A作AD使$\angle 2 = \angle 1$并作底边BC的垂线AE。

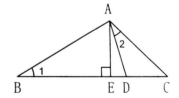

图4-10

以S_1及S_2分别表示$\triangle ABC$及$\triangle ACD$的面积，因这两个三角形是相似的，故

$$S_1 : S_2 = AB^2 : AD^2 \cdots\cdots\cdots\cdots\cdots ①$$

又因这两个三角形等高，故

$$S_1 : S_2 = BC : DC \cdots\cdots\cdots\cdots②$$

自①②得

$$AB^2 : AD^2 = BC : DC \cdots\cdots\cdots③$$

但在任意三角形中，对锐角之边的平方等于其他两边平方和减去其中一边与他边在此边上射影之积的二倍，故

$$AB^2 = AC^2 + BC^2 - 2BC \cdot EC$$

$$AD^2 = AC^2 + DC^2 - 2DC \cdot EC$$

代入③得

$$\frac{AC^2 + BC^2 - 2BC \cdot EC}{BC} = \frac{AC^2 + DC^2 - 2DC \cdot EC}{DC}$$

$$\therefore \frac{AC^2}{BC} + BC - 2EC = \frac{AC^2}{DC} + DC - 2EC$$

即 $\dfrac{AC^2}{BC} + BC = \dfrac{AC^2}{DC} + DC$

故 $BC = DC$。

问题二：船长的故事

有一艘航行的船，船底出现了长为 13（单位长度）和宽为 5 的长方形的缺口，但在船上只找到了边长为 8 的正方形的板子。聪明的船长用 64 平方的板子巧妙地缝合了 65 平方的缺口。

有下面的缝合方法（如图 4-11），比较两个图形的面积，正方形的面积为 64，长方形的面积为 65，为什么面积增加了 1？

事实上，长方形中的三个点 O、P、Q 不在一条直线上，用三角形的相似性可以说明这个问题。

假设，点 O、P、Q 在一条直线上（如图 4-12），在 $\triangle OPR$ 和 $\triangle OQS$ 中，$\angle ORP = \angle OSQ = 90°$，$\angle POR = \angle QOS$ 是公共角，所以 $\triangle OPR \backsim \triangle OQS$，因为 $OR : OS = PR : QS$，即 $8 : 13 = 3 : 5$，但这个等式不成立。

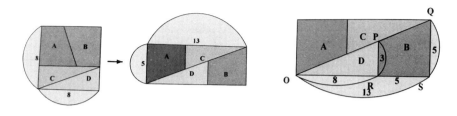

图 4-11 图 4-12

在数学中经常出现类似的"谬误问题"，人们对每一个别问题采用个别方法来解决。直到德国数学家莱布尼兹才关注这些谬误问题的普遍性根源——理由不充足。由此，莱布尼兹提出了逻辑学的第四个基本规律——充足理由律。

苏格拉底"产婆术""谬误问题"充分彰显了苏格拉底的数学教育智慧，反映了西方数学教育的传统，也展示着其现代数学教育价值。可以说"苏格拉底谬误问题"是苏格拉底"产婆术"的更高级的形式。苏格拉底的这些问题传入中国已有80多年的历史，但是遗憾的是一直隐藏在柏拉图的哲学著作中，很少有人去关注它的教育价值。有些发达国家把类似于"苏格拉底谬误问题"纳入到中学数学教科书中，作为学生探究学习的素材。例如，"船长的故事"在日本的小学和初中数学教科书或课堂上都有涉及，在小学用剪纸、拼图操作去发现其错误，在初中用相似三角形和反证法知识去证明其错误。我们可以借鉴日本的某些方面，将教育教学研究和教学实践紧密地结合起来。

附　录　苏格拉底几何教学[1]

苏：［苏格拉底在沙地上画了一个正方形 ABCD（如图 4-13），然后对那个童奴说］孩子，你知道有一种方的图形吗，就像这个一样？

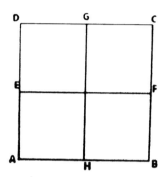

图 4-13

童奴：知道。

苏：它有四条相等的边吗？

童奴：有。

苏：穿过图形中点的这些直线也是相等的吗？（线段 EF，GH）

童奴：是的。

苏：这样的图形可大可小，是吗？

童奴：是的。

苏：如果这条边长两尺，这条边也一样，那么它的面积有多大？你这样想，如果这条边是二尺，而那条边是一尺，那么岂不是马上就可以知道它的面积是二平方尺吗？

童奴：对。

苏：但是这条边也是二尺长，那么不就应该乘以二吗？

童奴：是的。

苏：二乘二是多少？算算看，把结果告诉我。

童奴：四。

苏：现在能不能画一个大小比这个大一倍，但形状却又相同的图形，也就是说，画一个所有边都相等的图形，就像这个图形一样？

童奴：能。

苏：它的面积是多少？

---

1 〔古希腊〕柏拉图著：《美诺篇》,《柏拉图全集（第一卷）》，王晓朝译，人民出版社，2002 年，第 508-516 页。

　　　　　艺术中的数学文化史

童奴：八。

苏：那么请告诉我它的边长是多少。现在这个图形的边长是二尺。那个面积是它两倍的图形的边长是多少？

童奴：它的边长显然也应该是原来那个图形的边长的两倍，苏格拉底。

……

苏：现在请你注意他是怎样有序地进行回忆的，这是进行回忆的恰当方式。（他接着对童奴说）你说两倍的边长会使图形的面积为原来图形面积的两倍吗？我的意思不是说这条边长，那条边短。它必须像第一个图形那样所有的边长相等，但面积是它的两倍，也就是说它的大小是八（平方）尺。想一想，你是否想通过使边长加倍来得到这样的图形？

童奴：是的，我是想这样做。

苏：好吧，如果我们在这一端加上了同样长的边（BJ），那么我们是否就有了一条两倍于这条边（AB）的线段？

童奴：是的。

苏：那么按照你的说法，如果我们有了同样长度的四条边，我们就能作出一个面积为八平方尺的图形来了吗？

童奴：是的。

苏：现在让我们以这条边为基础来画四条边。（亦即以 AJ 为基准，添加 JK 和 KL，再画 LD 和 DA 相接，使图形完整）这样一来就能得到面积为八平方尺的图形了吗？

童奴：当然。

苏：但它不是包含着四个正方形，每个都与最初那个四平方尺的正方形一样大吗？（苏格拉底画上线段 CM 和 CN，构成他所指的四个正方形。）

童奴：是的。

苏：它有多大？它不是有原先那个正方形的四个那么大吗？

童奴：当然是的。

苏：四倍和两倍一样吗？

童奴：当然不一样。

苏：所以使边长加倍得到的图形的面积不是原来的两倍，而是四倍，对吗？

童奴：对。

苏：四乘以四是十六，是吗？

童奴：是的。

苏：那么面积为八（平方尺）的图形的边长有多少？而这个图形的面积是原来那个图形的四倍，是吗？

童奴：是的。

苏：好。这个八平方尺的正方形的面积不正好是这个图形的两倍，而又是那个图形的一半吗？

童奴：是的。

苏：所以它的边肯定比这个图形的边要长，而比那个图形的边要短，是吗？

童奴：我想是这样的。

苏：对。你一定要怎么想就怎么说。现在告诉我，这个图形的边是二尺，那个图形的边是四尺，是吗？

童奴：是的。

苏：那么这个八平方尺的图形的边长一定大于二尺，小于四尺，对吗？

童奴：必定如此。

苏：那么试着说说看，它的边长是多少。

童奴：三尺。

苏：如果是这样的话，那么我们该添上这条边的一半（画 BJ 的一半 BO），使它成为三尺吗？这一段是二，这一段是一，而在这一边我们同样也有二，再加上一，因此这就是你想要的图形。（苏格拉底完成正方形 AOPQ，如图 4-14）

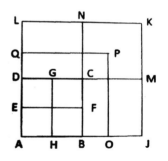

图 4-14

童奴：对。

苏：如果这条边长是三，那条边长也是三，那么它的整个面积应当是三乘三，是吗？

童奴：看起来似乎如此。

苏：那么它是多少？

童奴：九。

苏：但是我们最先那个正方形的面积的两倍是多少？

童奴：八。

苏：可见，我们即使以三尺为边长，仍旧不能得到面积为八平方尺的图形？

童奴：对，不能。

苏：那么它的边长应该是多少呢？试着准确地告诉我们。如果你不想数数，可以在图上比画给我们看。

童奴：没用的，苏格拉底，我确实不知道。

（此时苏格拉底擦去先前的图形，从头开始画）

孩子，告诉我，这不就是我们那个面积为四的正方形吗？（ABCD）

童奴：是的。

苏：我们还能再加上另一个相同的正方形吗？（BCEF）

童奴：能。

苏：还能在这里加上与前两个正方形相同的第三个正方形吗？（CEGH）

童奴：能。

苏：还能在这个角落上添上第四个正方形吗？（DCHJ）

童奴：能。

苏：那么我们有了四个同样的正方形，是吗？（如图4-15）

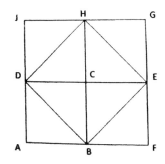

图4-15

童奴：是的。

苏：那么整个图形的大小是第一个正方形的几倍？

童奴：四倍。

苏：我们想要的正方形面积是第一个正方形的两倍。你还记得吗？

童奴：记得。

苏：现在你看，这些从正方形的一个角到对面这个角的线段是否把这个正方形都分割成了两半？

童奴：是的。

苏：这四条相同的线段把这个区域都包围起来了吗？（BEHD）

童奴：是的。

苏：现在想一想，这个区域的面积有多大？

童奴：我不明白。

苏：这里共有四个正方形。从一个角到它的对角画直线，这些线段把这些正方形分别切成两半，对吗？

童奴：对。

苏：在这个图形中（BEHD）一共有几个半？

童奴：四个。

苏：那么，在这个图形中（ABCD）有几个一半呢？

童奴：两个一半。

苏：四和二是什么关系？

童奴：四是二的两倍。

苏：那么这个图形的面积有多大？

童奴：八（平方尺）。

苏：以哪个图形为基础？

童奴：以这个为基础。

苏：这条线段从这个四平方尺的正方形的一个角到另一个角吗？

童奴：是的。

苏：这条线段的专业名称叫"对角线"，如果我们使用这个名称，那么在你看来，你认为以最先那个正方形的对角线为边长所构成的正方形的面积是原正方形的两倍。

第五篇

神坛上的达·芬奇

——以达·芬奇的数学手稿为中心

列奥纳多·达·芬奇（Leonardo da Vinci，1452～1519年）是意大利文艺复兴时期的天才艺术家和科学家。如同柏拉图提醒人们"不懂几何，不得入内"，达·芬奇也提醒人们"不懂数学，勿读吾书"。这不是一句异想天开的狂言，在达·芬奇的艺术创作、技术发明、建筑与工程设计中，对数学的运用达到炉火纯青的地步。达·芬奇的手稿中包含着不成系统的丰富的数学文稿——比例理论、几何图形的求积方法、精湛的作图方法、勾股定理和希波克拉底定理、数学思想方法。他对勾股定理情之所钟，手稿中有 100 多处对勾股定理进行了直观呈现。由于达·芬奇没有受到良好的学校教育和惯用镜像写法等诸多原因，在他生前没有著作出版，没有完全得到同时代人的认可。

一、前　言

列奥纳多·达·芬奇，是意大利文艺复兴时期最具创造力的艺术家、建筑师、工程师、科学家和数学家。他是意大利文艺复兴时期的象征，在那个时代里没有人能够比达·芬奇有更广阔的世界[1]。由于达·芬奇在艺术作品蕴含思想和表现方法方面做出的开创性的、划时代的贡献，人们认为达·芬奇是新观念的创始人，他的存在揭示了艺术家是沉思与创造的思想家，并非是仅按每天涂抹面积计酬的工匠。"16 世纪种种关于艺术家的尊严的观念，显然都可以追溯到他所树立的榜样。"[2]达·芬奇没有某一科学技术领域的正式出版的著作，他关于解剖学、生物学、数学、物理以及力学方面的研究成果保留在其浩瀚的手稿和笔记中。

达·芬奇于 1452 年 4 月 15 日出生在意大利皮斯托亚地区芬奇镇。他的母亲卡泰丽娜与职业公证人、贵族男子瑟·皮耶罗·达·芬奇未婚生下达·芬奇。达·芬奇在其爷爷家成长，迄今为止，尚未发现达·芬奇在芬奇镇生活 16 年的详细历史记载。仅有的信息是："在学习计算法的几个月里，他获得了长足的进步，因此不断地向老师提出质疑并与老师探讨难点，但通常老师也会被他的问题难住。"[3]在其他的达·芬奇传记中也有类似的记载。[4]这也说明达·芬奇在 16 岁之前没有受到良好的数学教育。1468 年爷爷去世，16 岁的他离开了芬奇镇到意大利文艺复兴中心佛罗伦萨，进入韦罗基奥的画室学习。1473 年，达·芬奇完成了自己的第一幅画作《阿诺河风光》。达·芬奇在韦罗基奥画室工作了 8 年，24 岁离开。1481 年到米兰以后，达·芬奇开始接触解剖学、光学、动力学、静力学、地质学、数学等多种学科领域。1494 ～ 1495 年，绘制《最后的晚餐》，1497 年完成。1500 年，第二次移居佛罗伦萨时期，达·芬奇对几何学、光学、水学和解剖学进行了深入研究，开展阿尔诺河改道工程，创作《安吉亚里之战》《岩间圣母》等作品。1513 年又去米兰，后又定居罗马，潜心研究数学、科学和工艺技术，

1 〔瑞士〕雅各布·布克哈特著：《意大利文艺复兴时期的文化》，何新译，商务印书馆，1997 年，第 40 页。

2 黄才郎主编：《西方美术辞典》，王秀雄、李长俊等编译，外文出版社，2002 年，第 480 页。

3 〔意〕恩里卡·克里斯皮诺著：《达·芬奇》，田丽娟、张惠、邢延娟译，译林出版社，2018 年，第 12 页。

4 〔法〕欧仁·明茨撰文：《列奥纳多·达·芬奇（第一卷）》，陈立勤译，人民美术出版社，2014 年，第 22 页。

图 5-1 达·芬奇肖像

并创作手稿《几何游戏》。之后开展排水工程工作。1515 年，达·芬奇所进行的科学研究被认为是"妖术"，被圣灵医院驱逐。1516 年，绘制"摧毁世界的大洪水"系列图稿。1517 年前往法国为国王弗朗索瓦一世服务，进行土地规划研究，并完成了一座巨型城堡的建筑设计工作。1519 年 5 月 2 日，达·芬奇去世，8 月 12 日埋葬，骨灰后来被遗失。

至于达·芬奇是否为数学家，研究者们有不同看法。1545 年"加迪亚诺无名氏"编辑的《莱奥纳多·达·芬奇》中说达·芬奇"精通数学和透视学"。[1]1550 年，乔治·萨瓦里的《莱奥纳多·达·芬奇》中说：达·芬奇"花费数月工夫弄数学，进步神速，甚至经常出难题让老师受窘"。[2]美国的麦克·怀特认为达·芬奇是一位不娴熟的勉强及格的数学家[3]，英国的丹尼尔·史密斯认为达·芬奇是"当时杰出的数学家"[4]，有人认为"相比其他的学科，列奥纳多在纯数学领域的想法比较平淡无奇"。[5]根据上述观点和达·芬奇各种手稿中丰富的数学内容，特别是几何作图及其应用，以及当时的数学发展水平等，可以认为达·芬奇是一位应用数学家，而且他的数学工作倾向于几何学。

达·芬奇作为数学家，对数学有深刻的理解和认识，在数学的研究内容的特点、数学价值等方面提出了很多独到见解。他曾说"不懂数学，勿读吾书"，间接地告诉人们他的作品皆以数学原理为基础，因此数学是认识达·芬奇天才智慧的一把钥匙。

---

1 〔意〕莱奥纳多·达·芬奇著：《莱奥纳多·达·芬奇：绘画论》，〔法〕安德烈·夏斯塔尔编译，邢啸声译，湖南美术出版社，2019 年，第 34 页。

2 〔意〕莱奥纳多·达·芬奇著：《莱奥纳多·达·芬奇：绘画论》，〔法〕安德烈·夏斯塔尔编译，邢啸声译，湖南美术出版社，2019 年，第 39 页。

3 〔美〕麦克·怀特著：《达芬奇：科学第一人》，徐琳英、王晶译，中国人民大学出版社，2011 年，第 146 页。

4 〔英〕丹尼尔·史密斯著：《天才的另一面：达·芬奇》，肖竞译，电子工业出版社，2016 年，第 133 页。

5 〔法〕欧仁·明茨撰文：《列奥纳多·达·芬奇（第二卷）》，陈立勤译，人民美术出版社，2014 年，第 74 页。

二、手稿、笔记与藏书

探寻达·芬奇艺术、科学技术的学习和研究道路时，他丰富的手稿会提供关键信息，丰富的藏书也揭示了他学习研究的广度。因此，有必要简要介绍其手稿、笔记和藏书情况。

（一）手稿

达·芬奇的手稿可以用"浩如烟海"来形容，目前被发现的手稿有 7200 页[1]，涉及的学科领域非常广泛。1519 年达·芬奇去世后，其手稿全部由其学生弗朗西斯科·梅尔兹继承，一直保存到 1570 年。遗憾的是梅尔兹的儿子奥拉齐奥对这些手稿毫无兴趣，于是这些手稿遭遇了四散流落的厄运。目前只有 1/5 的手稿被保存下来，现藏于意大利、美国、法国、英国和西班牙等国家。[2]

表 5-1 达·芬奇手稿[3]

	手稿名称	完成时间
1	阿伦德尔手稿	1478 ~ 1518
2	温莎手稿	1478 ~ 1518
3	大西洋手稿	1478 ~ 1518
4	手稿 B	1487 ~ 1490
5	提福兹欧手稿	1487 ~ 1490
6	福斯特手稿 I	1487 ~ 1490、1505（分别为第二部分和第一部分的时间）
7	手稿 C	1490 ~ 1491
8	手稿 A	1490 ~ 1492
9	马德里手稿 I，8937	1490 ~ 1499、1508
10	马德里手稿 II，8936	1491 ~ 1493、1503 ~ 1505（分别为第二部分和第一部分的时间）
11	手稿 H	1493 ~ 1494
12	福斯特手稿 III	1493 ~ 1496

---

1 〔英〕查尔斯·尼科尔著：《达·芬奇传——放飞的心灵》，朱振武、赵永健、刘略昌译，长江文艺出版社，2006 年，第 9 页。

2 〔意〕恩里卡·克里斯皮诺著：《达·芬奇》，田丽娟、张慧、邢延娟译，译林出版社，2018 年，第 17 页。

3 〔意〕恩里卡·克里斯皮诺著：《达·芬奇》，田丽娟、张慧、邢延娟译，译林出版社，2018 年，第 18 页。

	手稿名称	完成时间
13	福斯特手稿 II	1495、约 1497（分别为第二部分和第一部分的时间）
14	手稿 M	1495 ~ 1500
15	手稿 I	1497、1499（分别为第二部分和第一部分的时间）
16	手稿 L	1497 ~ 1502、1504
17	手稿 K	1503 ~ 1505、1506 ~ 1507（分别为第二部分和第一部分的时间）
18	鸟类飞行手稿	1505
19	哈默手稿	1506 ~ 1508、1510
20	手稿 F	1508
21	手稿 D	1508 ~ 1509
22	手稿 G	1501 ~ 1511、1515
23	手稿 E	1513 ~ 1514

从目前掌握的情况看，在《大西洋古抄本》《马德里手稿》《哈默手稿》《福斯特手稿 I》《手稿 L》等手稿中有数学内容，内容不重复，侧重点不同。其中，《大西洋古抄本》《马德里手稿》中的数学内容最多，因此这里主要以这两本手稿为重点论述达·芬奇的数学工作。

《大西洋古抄本》是达·芬奇举世闻名的手稿，自 1637 年以来保存在意大利米兰安布罗西亚纳图书馆，分 12 卷，1119 页，羚羊皮装订，尺寸为 60.5cm×46.0cm（如图 5-2）。莫皮奥·列奥尼将达·芬奇的 1750 页手稿和零散的碎片粘在大规格纸张上并装订成册。由于大规格纸张像地图册一样大小，因此起名为《大西洋古抄本》。手稿包括武器设计、民用装置、建筑与几何、飞行与运动四个领域，可以分为 24 个主题，其中数学手稿至少有 220 页。每一个领域均用到几何学作图知识，但是只有在"建筑与几何"中有几何学研究内容。即编号 849v"建筑与几何学研究"、编号 762v"建筑设计与几何学研究"、编号 696r"圆规和几何设计"、编号 471v"几何游戏"、编号 505r"用曲线切割方形"、编号 307v"从圆到星型结构"、编号 518r"几何学研究"等。从整体上看，所谓的几何学研究就是几何作图、几何证明和几何应用，但是达·芬奇没有给出作图步骤，每一幅作品中呈现的几何图形特点各自相异。[1]

---

1 〔意〕马尔科·纳沃尼著：《达·芬奇与〈大西洋古抄本〉之谜》，金黎晅译，人民美术出版社，2018 年，第 20 页。

 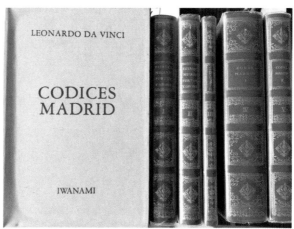

图 5-2　《大西洋古抄本》　　图 5-3　《马德里手稿》

《马德里手稿》是达·芬奇两卷手稿的总称,均藏于西班牙马德里国立图书馆,其索引号分别是 8937 和 8936,为第 I 卷和第 II 卷(如图 5-3)。1830 年,由于当时两卷手稿被皇家图书馆收入并进行分类编目时出现标识错误,长期以来人们对两卷手稿的存在一无所知。1966 年,这两本手稿在西班牙国家图书馆偶然被发现。

《马德里手稿 I》,184 页,尺寸为 21cm×15cm。第 I 卷第一部分内容为各种机械绘图,其中包括各式钟表,第二部分内容则主要是理论力学和几何学研究。

《马德里手稿 II》,157 页,尺寸为 21cm×15cm。该手稿由两个部分组成,在内容方面迥然相异。该手稿包括河道设计、透视法、光学、比例理论、几何学等内容,其中立体几何内容较多,有欧几里得《几何原本》的学习心得、几何概念的界定以及对数学研究对象的分类。

(二)笔记

达·芬奇笔记并不是我们所想象的那样——他整齐井然写出来的内容,而是后人从其手稿的不同段落中甄选并按内容分类而形成的笔记。我们从他的笔记中，可以了解其在艺术、科学技术、数学等方面的思想。我们现在掌握的达·芬奇笔记有以下几种：

（1）Edward MacCurdy, *The Notebooks of Leonardo Da Vinci*，London：The Reprint Society London，1938.

（2）〔英〕艾玛·阿·里斯特著：《达·芬奇笔记》，郑福洁译，三联书店，2007年。

（3）〔意〕达·芬奇著：《达·芬奇笔记》，杜莉编译，金城出版社，2011年。

（4）〔意〕达·芬奇著：《达·芬奇艺术与生活笔记》，戴专译，光明日报出版社，2012年。

（5）〔意〕莱奥纳多·达·芬奇著：《达·芬奇笔记》，周莉译，译林出版社，2018年。

（6）〔意〕列奥纳多·达·芬奇著：《达·芬奇笔记》，〔美〕H.安娜·苏编，刘勇译，湖南科学技术出版社，2018年。

爱德华·麦柯迪（Edward MacCurdy）整理的笔记中有"数学"章，30多页，主要是达·芬奇关于数学思想方法及其价值的论述。这是我们宏观地了解达·芬奇的数学工作和数学观的重要文献，但是他在整理笔记时把相关的几何图形全部忽略了。

（三）藏书

达·芬奇是一位藏书家，在那个年代来说他的藏书量是极其丰富的，有116种图书，涉及领域有数学、天文历法、医学、生物学、工程、建筑、语言、文学、水力学、《圣经》、哲学等。在他的藏书中有但丁的《神曲》、克雷森齐的《农事书》、阿尔伯蒂的《论绘画》、阿维森纳的《医典》、博纳蒂的《众星之书》、阿玛迪奥的《建筑之书》、欧几里得的《几何原本》和马尔西利奥的《柏拉图神学》等经典著作。而在 15 世纪，剑桥大学图书馆的藏书仅有几百册图书，只涵盖了当时人类知识相当有限的方面，且这些藏书主要是宗教方面的，用以培养出识字的牧师。[1]

就达·芬奇所藏数学书而言，包括与他工作有关的重要数学书，具体如下：

（1）欧几里得几何学：Euclides, Elementa geometriae(Erhardus Ratdolt,1482 年；Leonardus Acha-tes & Gulielmus de Papia, 1491 年；Sim. Bivilaqua,1502 年)。达·芬奇没有说明版本，它可能是以上三种版本之一。

（2）Libro de abaco che insegna a fare ogni ragione mercantile, Stampato nell'inclita citta di Milano per Jo. Antonio Borgo（没有出版年代），这可能是木板装订的算术教科书 Libro d'abaco da Milano, grande, in asse。

（3）La nobel opera de arithmetica...compilata per Piero Borgi da Veniesia(威尼西亚版，1484 年)。

（4）Filippo Calandri, Ad nobilem et studiosum Julianum Laurentii Medicem,De aritmethrica opusculum （Lorenzo da Morgiani et Giovanni Thedesco da Magonza，1491~1492 年）。

（5）Abaco, ossia maniera facile per apprender ogni conto(1478 年)。

（6）Paolo Dagomari(1281~1374), Trattato d'abbaco, d'astronomia e di segreti naturalie medicinali.

（7）透视法概论 (Prospettiva Comune)：Joannes Cantuariensis, Prospectiva communis...castigata per Facium Cardanum (Petrus Cornenus，约 1480 年)。

（8）Joh. Regiomontanus, Calendarium (历法，有 1476 年、1478 年、1482 年等版本)。

---

1 〔英〕杰克·古迪著:《文艺复兴：一个还是多个？》，邓沛东译，浙江大学出版社，2017 年，第 33 页。

（9）Joh. Mueller, Ephemerides（天体位置推算历）。

（10）Luca Pacioli de Borgo, Summa de arithmetica(Paganino de Paganini, 1494 年)。

（11）圆的求积法（Quadratura del circulo）。

（12）算术小册子 (Libretto Vechio d' arissmetrica)[1]。

三、数学概念的界定

达·芬奇认为数学是一门具有确定性的学科，其概念界定明确，内容分类清晰。他说："那些对数学至高无上的确定性提出质疑的人，只能让自己陷入困惑之中，他永远无法平息那些由矛盾和诡辩术所导致的无休止的争论。"[2]数学的确定性是判断是非的基准，学习数学也是提高判断能力的过程。判断力在达·芬奇思想中占有至关重要的位置。他认为："首先，学习科学。判断力落后于技艺的人是无能的，判断力超越手艺的人才走在追求完美的道路上。……没有理论支持的行动，就像没有指南针和船舵的水手。"[3]

达·芬奇关于数学确定性的观点来自于古希腊的毕达哥拉斯、苏格拉底、柏拉图和亚里士多德等的经典著作。他的数学知识多来自于古希腊数学家欧几里得《几何原本》和意大利数学家卢卡·帕乔利《算术、几何、比与比例集成》。他继承了古希腊数学"四艺"说，将数学分成算术、几何、天文学和音乐。达·芬奇认为，算术处理的是不连续的量，几何处理的是连续的量。算术是一门计算

1　Leonardo Da Vinci,*Tratados Varios De Fortificacion Estatica Y Geometria Escritos En Italiano II:Library Number 8936*,Tokyo:Iwanamisyoten, 1975,pp. 2–4.〔意〕列奥纳多·达·芬奇著：《马德里手稿第 3 卷》，〔日〕小野健一等译，东京：岩波书店，1975 年，第 95—110 页。

2　〔意〕达·芬奇著：《达·芬奇艺术与生活笔记》，戴专译，光明日报出版社，2012 年，第 128 页。

3　〔法〕欧仁·明茨撰文：《列奥纳多·达·芬奇（第二卷）》，陈立勤译，人民美术出版社，2014 年，第 55 页。

科学，它有真实和精确的数字，但是对于处理连续量却无济于事。[1]在《马德里手稿》中，他进一步论述有理量和无理量的概念：算术的研究对象是离散的有理量，几何的研究对象是连续的量，这种量包括无理量和有理量；天文学的研究对象是连续而变化的量；音乐的研究对象是连续的量。[2]达·芬奇对音乐概念的界定与毕达哥拉斯学派"四艺"中的界定有所不同，毕达哥拉斯学派认为音乐是研究连续但偶尔离散的量的科学。达·芬奇进而介绍了算术比例、几何比例、调和比例以及不连续比例和连续比例的概念。

达·芬奇的数学研究主要依靠超凡的空间直觉能力，详细的论证并不多，但是他非常注重数学概念的定义。他对点、线、面、角、正方形、长方形、菱形、平行线、圆及其直径和半径，直线形中的三角形及其种类、四边形和多边形，曲线中的弓形、月牙形、镰刀形和叶子形等概念给出了详细的定义（《马德里手稿》，如图5-4）。

国内出版的一些数学工具书、达·芬奇传记和手稿，将月牙形称为弓形，造成人们对弓形、月牙形等概念认识的混乱。事实上，达·芬奇严格区分了弓形、月牙形、镰刀形和叶子形四个概念。因为这四个图形在达·芬奇的整个创造工作中，提供了不可替代的基本的工具性素材。如果没有这四个几何图形，那么他的多数创造性设计就不会存在，换言之多数手稿也就不可能出现了。

弓形：所谓圆的弓形是不等于圆直径的线段将该圆分割两部分所形成的两个几何图形。如果该线段等于直径，则将圆分成两个相同的部分，即半圆（《马德里手稿》，如图5-5）。

1 〔美〕沃尔特·艾萨克森著：《列奥纳多·达·芬奇传：从凡人到天才的创造力密码》，汪冰译，中信出版社，2018年，第202页。

2 Leonardo Da Vinci,*Tratados Varios De Fortificacion Estatica Y Geometria Escritos En Italiano II:Library Number 8936*,Tokyo:Iwanamisyoten, 1975,p.46.

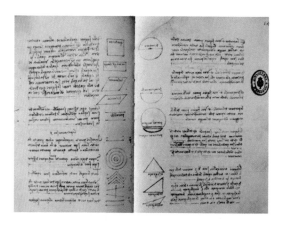

图 5-4　达·芬奇关于几何图形概念的定义

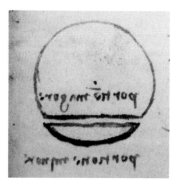

图 5-5　弓形

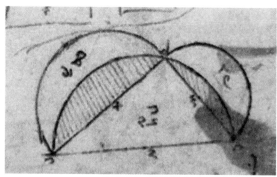

图 5-6　月牙形

　　月牙形：在直角三角形中，如果以两直角边为直径向形外作半圆，又以斜边为直径向形内作半圆，则斜边上的圆和两个直角边上圆相交所形成的非阴影图形叫作月牙形。直角三角形面积等于两个月牙形面积之和（《大西洋古抄本》，如图 5-6）。

　　镰刀形：在一条线段上依次向左（或向右）作半圆，这些半圆直径的一个端点（右侧）是共同的，其他半圆直径的端点依次相隔等距离而形成的图形叫作镰刀形（《大西洋古抄本》，如图 5-7）。关于镰刀形的研究并不是达·芬奇开创的，早在古希腊罗马时期已经有了，在那时用镰刀形所形成的圆的直径上被分割的线段长

　　　　　　　　　　艺术中的数学文化史

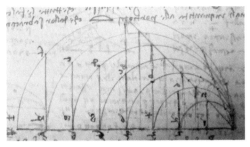

图 5-7　镰刀形

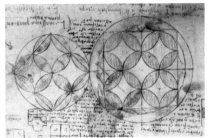

图 5-8　叶子形

度关系表示音程[1]。

叶子形：两个圆相交之后形成的公共部分（《大西洋古抄本》，如图 5-8）。叶子形是在达·芬奇手稿中出现最多的一种。

达·芬奇对概念下定义，也即揭示概念内涵时，是以追究知识终极起源的哲学思想为基础的。他说：

> 科学是大脑对事物终极起源原理的研究，除了终极起源，大自然没有其他的物质能够组成事物的各个部分。举例来说，在连续量中，也即几何学中，先是从物体的各个面开始，面的起始与终止都是线；我们不能满足于此，因为我们知道线终结于点，而点是最小的单位。因此点就成了几何学的第一起源，不论是在自然还是在人的头脑中，都没有什么能让点再次被分割了。如果你说，当一个平面与铁器的尖头发生接触后就创造了点，那是不正确的；我们只能说那个接触点是围绕着它的中心形成的面，而中心才是点。这个点并不是构成面的一部分，无论是它还是世界上所有的点，哪怕它们都组合起来——假设它们能组合起来——也无法构成这个面的任何一部分。你可以想象，假设一个完整的平面由一千个点构成，如果我们

1　〔古罗马〕维特鲁威著：《建筑十书》，〔美〕I. D. 罗兰英译，〔美〕T. N. 豪评注插图，陈平中译，北京大学出版社，2017 年，第 241 页。

将这一平面分成一千份，我们仍然能说，分开后的每一部分其包含的点跟未分之前的平面，其点的数量是一样的；我们可以用无，也就是十进位算术中的零，来证明它。零代表着什么也没有，但将它放在其他数字后面，就会成为那一数字的十倍，如果那一数字后面有两个零，则是一百倍。每往数字后增加一个零，新的数字就是未加零之前那个数字的十倍，如此反复，可让数字到无穷大。但零本身就是无，全世界所有的零加起来，跟一个零在内容和价值上都是相同的。[1]

这里对几何学中点的论述是颇为精彩的，认为点是没有大小只有位置的一个存在。他担心别人可能不易理解他的解释，进而将点、无、零的三个要素结合起来阐释。这实际上局部地揭示了几何学和算术之间的内在联系，体现了数形结合的思想方法。达·芬奇的这番阐释让人们联想到恩格斯对零的解释。恩格斯认为：

> 零是任何一个确定的量的否定，所以不是没有内容的。相反，零具有非常确定的内容。作为一切正数和负数之间的界限，作为既不是正又不是负的唯一的真正的中性数，零不只是一个非常确定的数，而且它本身比其他一切以它为界限的数都更重要。事实上，零比其他任何一个数都有更丰富的内容。把它放在其他任何一个数的右边，按我们的记数法它就使该数变成原来的十倍。在这里，本来也可以用其他任何一个记号来表示零，但是有一条件，即这个记号就其本身来说表示零，即等于0。因此，零本身的性质决定了零有这样的用处，而且唯有它才能够这样应用。[2]

---

1 〔意〕达·芬奇著：《达·芬奇艺术与生活笔记》，戴专译，光明日报出版社，2012 年，第 129-130 页。

2 恩格斯著：《自然辩证法》，中共中央马克思恩格斯列宁斯大林著作编译局译，人民出版社，2018 年，第 191-192 页。

在如何理解零的问题上，达·芬奇和恩格斯的观点基本相同，不同之处在于达·芬奇将零作为终极起源来看待，恩格斯基于黑格尔的辩证法观点阐释了零。

另外，达·芬奇说："如果我们将这一平面分成一千份，我们仍然能说，分开后的每一部分其包含的点跟未分之前的平面，其点的数量是一样的。"这段论述表明在平面任何一个小块上点数和原来平面的点数相等。达·芬奇的该结论让人们联想到实变函数中的相关理论，即实数轴上任何一个区间与实数集对等，即任何一个区间的基数与实数集的基数相等，它们都是阿列夫（连续基数或连续统势c），同理，平面上任何一个小块和整个平面也具有相同的基数。

四、几何图形面积的计算

达·芬奇的数学学习和研究的重点在于几何作图，这里主要介绍达·芬奇求三角形和圆面积的对称性"割补法"和等积变换法。在达·芬奇手稿中，多处可见求三角形面积、圆面积和正方形面积加倍问题的图形。因此，我们主要以《大西洋古抄本》中编号762v的手稿"建筑设计与几何学研究"（如图5-9）为例论述，同时相应地阐述有关问题的历史渊源。

（一）三角形面积

编号762v的手稿中有26幅几何图形，可以分为四类：第一类为作正方形内切圆，内切圆内接正方形，依次作下去。并在圆和正方形之间所产生的同类几何图形中作阴影，形成有规则的建筑设计图案——弓形或叶子形。第二类为作圆内接正方形，并按照第一类图形的做法进行下去。第三类为现在小学数学教科书中的简单的等积变换的几何图形，即求三角形面积公式的"割补法"（如图5-10）。第四类

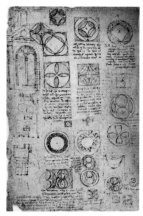  

图 5-9 编号 762v "建筑设计与几何学研究"　　图 5-10 编号 762v "建筑设计与几何学研究" 局部图　　图 5-11 《马德里手稿》中的三角形

为其他各种复杂的图形，这里不进行讨论。

由图 5-10 可知，如果是直角三角形，则将直角三角形中位线上方小三角形旋转 180°，直角三角形变成矩形，即矩形面积就是直角三角形面积。如果不是直角三角形，则作三角形高与中位线，将中位线上方两个小直角三角形旋转 180°，使三角形变成矩形。矩形的面积就是三角形的面积。另外，从第二个三角形图也可以看到，以三角形高将原来三角形分成两个直角三角形，则分别以两个直角三角形斜边的中点为中心将两个直角三角形反方向旋转 180°，则得到的矩形面积等于原三角形面积的两倍。综上所述，达·芬奇实际上给出了求三角形面积的三种方法。

《马德里手稿》中也讨论了三角形面积和锥体体积。达·芬奇说："任意三角形的面积是其底边与高的乘积的 1/2。任意锥体的体积是底面与其高的乘积的 1/3。"（如图 5-11[1]）从图形看，三角形面积的表达直观清晰，但是锥体体积的图

---

1 Leonardo Da Vinci,*Tratados Varios De Fortificacion Estatica Y Geometria Escritos En Italiano Ⅱ： Library Number 8936*,Tokyo:Iwanamisyoten, 1975,p.70.

94　　　　　　　　　艺术中的数学文化史

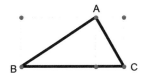 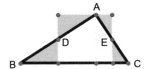 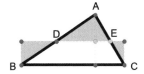

图 5-12　杨辉求三角形面积法

形表达显得差一些。

这一方法与中国南宋数学家杨辉求三角形面积的方法不谋而合。杨辉在《田亩比类乘除捷法》中用刘徽"以盈补虚"的方法，详细地阐明了三角形面积公式的推导，补充了各种可能的情况，使得推理方法更严谨、灵活。具体如下：

> 广步可以折半者，用半广以乘正从。从步可以折半者，用半从步以乘广。广从皆不可折半者，用广从相乘折半。

用几何图形表示如图 5-12（已知 $\triangle ABC$，D、E 分别为边 AB、AC 的中点）。

用公式分别表示上述内容：

$$S = (\frac{1}{2}a)h \text{；} S = a(\frac{1}{2}h) \text{；} S = \frac{1}{2}(ah)$$

（其中 S 表示三角形的面积，a 表示三角形的底，h 表示三角形的高）。

图 5-13[1] 是查尔斯·斯图尔斯·史密斯《穷学生》中大学生在宿舍里缝补衣服的场景，周围有一堆书籍和生活用具，背后墙上有一幅宗教画，在

图 5-13　《穷学生》插图

1　Clarence Cook,*Art and Artists of Our Time II*,New York:Selmar Hess Publisher,1888,p.125.

门板的显著位置有一幅求三角形面积的几何图形。该几何图形与达·芬奇手稿的同类图形和杨辉求三角形面积的几何图形完全一致。

（二）圆面积

求圆面积是现在小学数学中的常识性知识，也是重要内容之一，因为它蕴含着深刻的数学思想方法——将曲线形变成直线形的辩证思想方法。达·芬奇那个时代还没有像现在这样系统的数学教科书，虽然《几何原本》是公认的教科书，但是对一般的学习者来讲，读懂它并非易事。达·芬奇对初等几何的兴趣浓厚而广泛，他热衷于圆面积的求法，在其手稿中也有不少相关内容。如图 5-14 所示，将圆分割成若干个相等部分，并将它转化为平行四边形。这是我们所熟悉的求圆面积的方法。达·芬奇形象地描述圆面积，即圆如车轮，圆的半径相当于车条，假如车轮有 16 个车条，那么它们把车轮分成 16 个全等的扇形（看作小等腰三角形），用 16 个等腰三角形可以制作一个平行四边形，于是圆面积可看作平行四边形的面积。

（三）正方形面积加倍问题

正方形面积加倍或者用已知正方形制作其两倍面积的正方形的问题，已有 2000 多年的历史，它也是勾股定理的特殊情形。这一问题自然成为达·芬奇研究的主题之一，在他的手稿中多处可以看到对这一问题的各种直观表示。如编号 849v 的手稿"建筑与几何学研究"中，有 3 个正方形面积加倍的几何图形（如图 5-15）。又如，编号 762v 的手稿"建筑设计与几何学研究"中局部有微小的正方形面积加倍的几何图形（如图 5-16）。

正方形面积加倍问题使达·芬奇本人也感到沮丧，因为边长为有理数的正方形的对角线是无法用他的直观理解表达出来的。"在正方形的正下方，达·芬奇用一

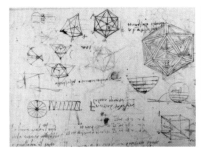

图 5-14　圆面积与多面体　　图 5-15　编号849v "建　图 5-16　编号 762v "建筑设计
　　　　　　　　　　　　　　　筑与几何学研究" 局部图　与几何学研究" 局部图

行小字克制地表达了他当时沮丧的心情：'如果我做成过什么事，请告诉我吧。'
这句话在他的手稿中曾以不同的缩写形式出现过很多次。数学的神秘感和无穷无尽
的谜题，常常令他感到沮丧。"[1]

　　正方形面积加倍问题使人们联想到苏格拉底"回忆知识"的故事（柏拉图《美
诺篇》），苏格拉底用"产婆术"使一个奴隶孩子理解"正方形面积加倍"问题——
给出已知正方形的两倍面积的正方形，即用两个相同的正方形构造一个正方形。另
一方面，该图形使人们联想到勾股定理的特殊情形，即等腰直角三角形的斜边上
正方形面积等于两个直角边上的正方形的面积之和，也引发了更具挑战性的扩展问
题：用两个不同的正方形能否构造一个新的正方形？用 n 个正方形能否构造一个正
方形？

　　在维特鲁威的《建筑十书》中也有这个故事的改编版，给正方形赋予了具体数
字，具体如下：

　　　　首先，我将举例柏拉图众多极其实用的发现之一，正如他所说明的。

　　　　有一块正方形的基址或田地，各边长度相等，如果要它的面积成为原来的

1　〔英〕马丁·肯普著：《达·芬奇：100 个里程碑》，叶芙蓉译，金城出版社，2019 年，第 85 页。

两倍，就需要一种数字，这种数字通过计算是求不出的，只有画出精准的线条才能求出。以下便是对这个问题的证明：有一块正方形的土地，十足长十足宽，面积一百平方足。如果需要使它的面积翻倍，成为一块二百平方足的土地，同时保持各边同长，那么这正方形的边长应该是多少。通过计算不可能求出此数的，因为如果边长定为十四，那么将边长相乘便得出196 平方足；如果边长为十五，会得出 225 平方足。因此，答案靠数字是求不出的。[1]

这里所谓算不出来的数字，就是不可通约量，即为无理数。从维特鲁威这段所谓的证明可以知道，柏拉图《美诺篇》中的故事为西方古代建筑理论家提供了一个重要启示——有些数学问题不用计算而用几何知识就可以得出不同对象之间的数量关系。

西方哲学家借助这个问题阐述自己的观点。罗素在谈到苏格拉底的回忆学说时，也讨论过这个问题。[2] 德国著名哲学家叔本华也曾经讨论这个问题，他提出：

> 欧几里得所证明的一切如此如彼，都是人们为矛盾律所迫不得不承认的，但是何以如此如彼，那就无法得知了。所以人们几乎是好像看过魔术表演一样，有一种不太舒服的感受；事实上，欧几里得大多数的证明都显著地像魔术。
>
> 通常在几何学中，例如在毕达哥拉斯定理中，需要做出一些直线，却不明白为什么要这样做；往后才发现这些原来都是圈套，出其不意地

1 〔古罗马〕维特鲁威著：《建筑十书》，〔美〕I. D. 罗兰英译，〔美〕T. N. 豪评注插图，陈平中译，北京大学出版社，2017 年，第 190 页。

2 〔英〕伯兰特·罗素著：《西方的智慧——从社会政治背景对西方哲学所作的历史考察》，温锡增译，商务印书馆，1999 年，第 69 页。

艺术中的数学文化史

收紧这圈套的口，就俘虏了学习人
的信服，学习人只得拜倒而承认一
些他完全不懂个中情况的东西。事
实竟至于此，学习人可以从头至尾
研读欧几里得的著作，然而仍不能
对空间关系的规律有任何真正的理

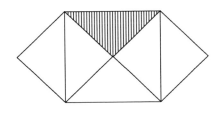

图 5-17　毕达哥拉斯定理的特例

解；代之而有的只是背诵一些来自此等规律的结果。这种原属经验的、
非科学的知识就如一个医生，他虽知道什么病要用什么药，却不认识两
者间的关系一样。

　　毕达哥拉斯定理也告诉了我们直角三角形的一种隐秘属性。欧几里得
那矫揉造作，挖空心思的证明，一到"何以如此"就避而不见面了；而下
列简单的，已经熟知的图形，一眼看去，就比他那个证明强得多。这图形
让我们有透入这事的理解，使我们从内心坚定地理解（上述）那种必然性，
理解（上述）那种属性对于直角的依赖性；在勾股两边不相等的时候，要
解决问题当然也可以从这种直观的理解着手[1]。

五、数学命题的证明

　　发现问题、解决问题和证明命题是数学研究的重要内容，其中蕴含着直观
想象能力和理性精神。数学命题的证明要言必有据、简洁清晰。达·芬奇缺乏
数学证明的严格训练，原因有以下几个方面：首先，达·芬奇没有接受系统的

1　〔德〕叔本华著：《作为意志和表象的世界》，石冲白译，商务印书馆，2018 年，第 114–118 页。

数学教育，在 16 岁之前只接受过几个月的数学教育，后来向卢卡·帕乔利学习数学。这说明达·芬奇大部分数学知识是自学的，不成系统。另外，达·芬奇手稿中绝大多数是几何图形、工程建筑图形，这就导致人们错误地认为达·芬奇只注重直观想象而忽略了抽象的演绎证明。其次，从 1473 年（21 岁）开始，达·芬奇采用了从右至左的"镜像"书写方法，读者直接阅读他的文稿是非常困难的，必须通过镜像才能正常阅读。一种说法是，他使用"镜像"书写方法的目的在于防止他的研究成果被剽窃。因为那个年代还没有可以让人宣布发明权的期刊，也没有专利申请或保护发明者不受剽窃侵害的机构。再次，达·芬奇的行文表达给别人的印象也很一般。正如欧仁·明茨所说："对于当时的人文主义学者来说，精确清晰的语言表达是驾轻就熟的本领，而未曾受过修辞学教育的列奥纳多，则习惯于用一套自己熟悉的方式来记录他的研究成果。也许，他孤僻的性格与非凡的独创能力存在着一定的联系，正如所谓的'自古天才皆寂寞'。他的论述科学的文风既不出彩，也不简洁。他的想法缺乏当时文人学者的系统性和条理性。他没有把公式和想法整理成一个'理论体系'，而是把他的发现组织成段落，平铺直叙，丝毫不带学究气或哲学条理。"[1] 最后，达·芬奇的认知与实践之间的矛盾是明显的。"优柔寡断是他性格中的主导因素。随着研究范围的扩展，这种性格便愈趋明显，使他难以在一个方向长时间地集中精力，无法归纳出有力而权威的结论。"[2]

尽管如此，我们在达·芬奇手稿和笔记中也常常看到注重逻辑证明的理性精神和对一些复杂的数学命题的证明。如他提醒自己"大胆怀疑，小心求证"。[3] 他也认为："在伟大的数学事实里，论证的确定性最为显著地提升了研究者的思维

1 〔法〕欧仁·明茨撰文：《列奥纳多·达·芬奇（第二卷）》，陈立勤译，人民美术出版社，2014 年，第 54 页。
2 〔法〕欧仁·明茨撰文：《列奥纳多·达·芬奇（第二卷）》，陈立勤译，人民美术出版社，2014 年，第 60 页。
3 〔意〕达·芬奇著：《达·芬奇艺术与生活笔记》，戴专译，光明日报出版社，2012 年，第 129 页。

能力。"[1] 而且他格外看重数学的论证，他认为："人类的任何研究若不经数学的论证就不能称为真科学。"[2] 对数学论证中的由因推果、由果索因等方法，达·芬奇也提出了独到的见解。

下面主要介绍三个问题：1. 达·芬奇对勾股定理的热衷及其证明；2. 对"化圆为方"的痴迷与希波克拉底定理的广泛应用——直线形与曲线形的等积变换；3. 立体几何命题的证明。

（一）勾股定理

正如开普勒所说，勾股定理是数学中的黄金。有了勾股定理才会发现无理数，以至产生连续的概念、函数的概念；有了勾股定理才会计算两点间的距离，从而为笛卡尔创立解析几何奠定了基础。这些数学成就直接促使了微积分乃至现代数学的诞生。正因为如此，勾股定理吸引了成千上万的数学爱好者和数学家，出现了勾股定理的数百种证明方法。在数学发展史上，没有第二个定理有如此丰富的证明方法。达·芬奇对勾股定理情有独钟，不仅给出了一种别出心裁的证明，而且其手稿中关于勾股定理的直观表达的各种图形有 100 多处。

1. 勾股定理的证明

达·芬奇各种手稿提供了一个重要信息，即他系统地学习了欧几里得《几何原本》，并对勾股定理等内容有自己的见解或扩展性思路。他在欧几里得证明方法的基础上，给出一个证明方法，具体如下：

如图 5-18，Rt $\triangle AEK$ 中，已知 $\angle AKE = 90°$，$KE=a$，$AK=b$，$AE=c$，求证 $AK^2 + KE^2 = AE^2$。

---

1 〔意〕达·芬奇著：《达·芬奇艺术与生活笔记》，戴专译，光明日报出版社，2012 年，第 97 页。

2 〔英〕艾玛·阿·里斯特编著：《达·芬奇笔记》，郑福洁译，三联书店，2007 年，第 6 页。

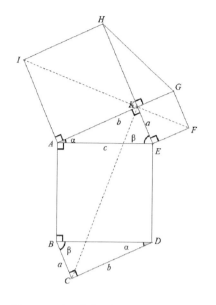

图 5-18　达·芬奇的勾股定理证明

证明：分别以 AK、KE、AE 为边作正方形 $AKHI$、$KEFG$、$ABDE$。以正方形 $ABDE$ 对角线交点为中心，将 $\triangle AKE$ 旋转 180°至 $\triangle DCB$。连接线段 CK、IF、HG。

$\triangle AKE$ 与 $\triangle HKG$ 关于线段 IF 对称，所以 $S_{\triangle AKE}=S_{\triangle HKG}$，且 I、K、F 三点共线。$\angle IAE = 90° + \angle \alpha = \angle KAB$，$\angle ABC = 90° + \angle \beta = \angle AEF$，四边形 $IAEF$ 可理解为关于点 A 逆时针旋转 90°，所以四边形 $KABC$ 与四边形 $IAEF$ 全等，即 $S_{\text{四边形} ABCK}=S_{\text{四边形} IAEF}$，且有 $S_{\text{正方形} ABDE}+2S_{\triangle AKE}=S_{\text{六边形} ABCDEK}=2S_{\text{四边形} ABCK}=2S_{\text{四边形} IAEF}=S_{\text{六边形} AEFGHI}=S_{\text{正方形} AKHI}+S_{\text{正方形} KEFG}+2S_{\triangle AKE}$，于是有 $S_{\text{正方形} ABDE}=S_{\text{正方形} AKHI}+S_{\text{正方形} KEFG}$，也即 $AK^2+KE^2=AE^2$ 或 $a^2+b^2=c^2$。[1]

在他的手稿中，经常见到勾股定理的欧几里得证明方法的图形、各种有趣的变形问题和其他扩展性问题。

达·芬奇在给出勾股定理的上述证明的同时，也思考了另外一种情形：在直角三角形两个直角边上向外作正方形，在斜边上向内作正方形（《大西洋古抄本》，如图 5-19 左下角和右上角两幅图）。达·芬奇虽然没有给出证明过程，但是所给图形从直观上给人一种有益的启示。根据这个图形也很容易证明勾股定理，具体如下：

1　E.S.Loomis,*The Pythagorean Proposition*，Washington：National Council of Teachers of Mathematics,1972.

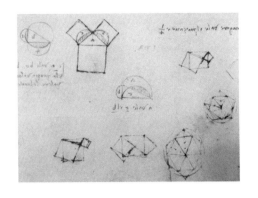

图 5-19

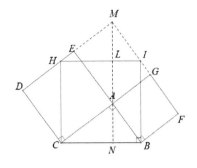

图 5-20 勾股定理证明

如图 5-20 所示，在 Rt△ABC 中，已知 ∠A =90°，求证 $BC^2=AB^2+AC^2$。

证明：分别以 AC、AB、BC 为边作正方形 ACDE、ABFG、BCHI。延长边 DE 和边 FG 并交于点 M。有 $S_{矩形BNLI} = S_{平行四边形MIBA} = S_{正方形ABFG}$，同理有 $S_{矩形HLNC} = S_{平行四边形HCAM} = S_{正方形ACDE}$。因为 $S_{正方形BCHI} = S_{矩形HLNC} + S_{矩形BNLI}$，所以 $S_{正方形BCHI} = S_{正方形ACDE} + S_{正方形ABFG}$，即 $BC^2=AB^2+AC^2$。

2. 勾股定理的扩展性思考

（1）在不破坏直线形的情形下，直角三角形三个边上的正方形内切圆面积是否有与勾股定理相当的结果（如图 5-21）。

（2）在直角三角形中，分别以三边为直径的半圆面积是否有与勾股定理相当的结果。

（3）在曲线形直角三角形三边上作弯曲的正方形（弯曲菱形），是否有与勾股定理相当的结果（如图 5-22）。达·芬奇认为有三种曲线形三角形：①两边为直线一边为曲线的三角形；②一边为直线两边为曲线的三角形；③三边皆为曲线的三角形。无论是哪一种曲线三角形，都会让人思考一个问题：曲线三角形的内角和是否为 180°、三角形的哪些性质仍然保持不变，于是很容易产生拓扑学的观念。

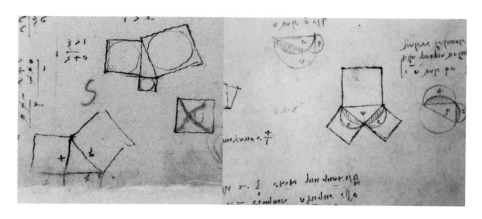

图 5-21　直线形直角三角形勾股命题

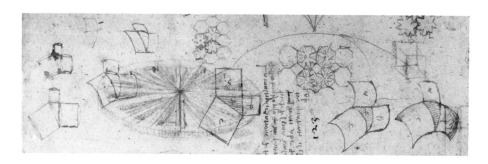

图 5-22　曲线形直角三角形勾股命题

甚至有人认为："列奥纳多也是拓扑学领域的开拓者。"[1]

（4）如果将直角三角形三边上的正方形扩展为立方体或长方体（如图 5-23），那么以斜边为边的立方体体积是否等于分别以两条直角边为边的立方体的体积之和？（设直角三角形斜边为 c，两个直角边分别为 a、b，那么 $c^3=a^3+b^3$？）这实际上是倍立方体问题的一般情形。达·芬奇虽然没有给出自己的结论，但是从他的手稿中多处出现的类似几何图形可以看出，达·芬奇至少从勾股定理的结论类比得出

1　〔美〕沃尔特·艾萨克森著：《列奥纳多·达·芬奇传：从凡人到天才的创造力密码》，汪冰译，中信出版社，2018 年，第 208 页。

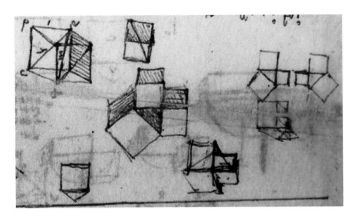

图 5-23　立方体勾股命题

一些有趣的问题。

（二）希波克拉底定理的应用

　　古希腊人提出了三大作图问题：一是三等分任意角；二是倍立方体：求作一立方体，使其体积为已知立方体体积的两倍；三是化圆为方：求作一个正方形，使其面积等于已知圆的面积。这三大作图问题有只使用没有刻度的直尺和圆规的限定条件。目前，已经证明在限制条件下不能解决三大问题。其中倍立方体问题和化圆为方问题引起了达·芬奇的浓厚兴趣，特别是化圆为方问题使他痴迷到疯狂的程度，甚至他宣布已经解决了该问题："在圣安德助日（11月30日），我来到化圆为方的终点；在晚间烛光即将熄灭时，在我写的纸张上'完成'了。"[1]

　　除此之外，达·芬奇的兴趣更倾向于曲线形和直线形之间的等积问题，由此引出各种月牙形图案。月牙形是一种边缘为两个圆弧的平面图形，主要出现在他的很多工程设计、建筑设计和几何学手稿中。编号 471v 的手稿"几何游戏"的主题就

---

1 〔美〕华特·艾萨克森著：《达文西传》，严丽娟、林玉菁译，台北：商周出版社，2019 年，第 220 页。

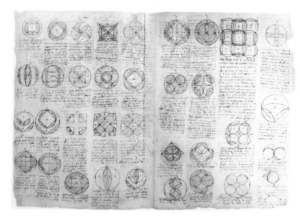

图 5-24　编号 471v "几何游戏"

图 5-25　希波克拉底肖像（贾斯特斯绘，收藏于乌尔比诺的公爵宫）

是由圆和正方形的各种内切、外接、重叠、交叉等具有创意的操作而形成的各种图案。其中，一半以上的图形中有月牙形。据说，达·芬奇在试图解决"化圆为方"问题的过程中，废寝忘食地制作了各种各样的月牙形、曲线三角形等有规则的图形。他把制作月牙形的过程看作一种智力游戏，因此"决定写一本论文——取名为《几何学游戏》——想法填满了一页又一页。可想而知，这本书也加入了其他未完稿的论文行列"。所谓"论文行列"就是《大西洋古抄本》。达·芬奇玩月牙形玩得快疯了，就像月亮会影响人的情绪，引发精神失常。[1]

达·芬奇的月牙形问题来自古希腊数学家和天文学家希波克拉底（如图 5-25[2]）。希波克拉底生于希俄斯，公元前 5 世纪下半叶活动于雅典。早年经商，不幸落入海盗之手，财产丧失殆尽。为诉讼和查访，在雅典住了很长时间，其间常到学校听课。后来从事几何学研究，做出杰出贡献。他在研究化圆为方问题时提出一种化月牙形为方形的方法，并将一个月牙形和一个圆一起转化为正方形，认为这样就可以化圆

1 〔美〕华特·艾萨克森著：《达文西传》，严丽娟、林玉菁译，台北：商周出版社，2019 年，第 219 页。

2 〔英〕彼得·惠特菲尔德著：《彩图世界科技史》，繁奕祖译，科学普及出版社，2006 年，第 59 页。

　　　　　　　　　　艺术中的数学文化史

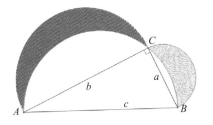
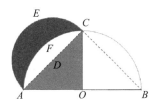

图 5-26　希波克拉底定理 1　　　　　　　图 5-27　希波克拉底定理 2

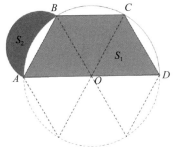
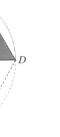
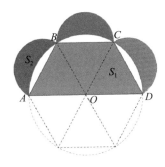

图 5-28　希波克拉底定理 3

为方。结论虽然有误，但在解决这一问题的过程中使用的方法和显示出的几何技巧长期为人称道。希波克拉底的月牙形问题有以下三种不同情形：

（1）在直角三角形 ABC 中，如果以两直角边 AC、BC 为直径向形外作半圆，又以 AB 为直径向形内作半圆，则 $S_{月牙形AC} + S_{月牙形BC} = S_{\triangle ABC}$（如图 5-26）。[1]

（2）设扇形 AOC 为一个圆的 1/4。以 AB 为直径在这 1/4 圆的外面，作一个半圆。试证明：以这 1/4 圆和这个半圆所围的月牙形，与 $\triangle AOC$ 面积相等（如图 5-27）。

（3）设梯形 $ABCD$ 等于以 AD 为直径的圆的内接正六边形的一半。作该圆与以 AB 为直径的半圆之间的月牙形。试证明：梯形 $ABCD$ 的面积等于该月牙形面积的三倍加上以 AB 为直径的半圆的面积（如图 5-28）。

1　沈康身著：《历史数学名题赏析》，上海教育出版社，2002 年，第 633 页。

（三）立体体积的研究

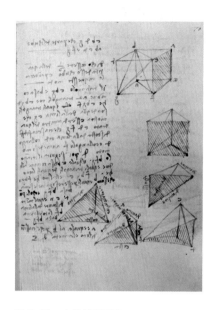

图 5-29　立体体积研究

立体几何图形体积问题的研究内容主要在《马德里手稿Ⅱ》第 44 ～ 47 页、第 65 ～ 70 页。达·芬奇其他手稿中也有一些研究立体体积的内容。下面从《马德里手稿Ⅱ》中撷取三棱锥与正方体体积关系研究的一幅手稿举例说明，图 5-29 是将正方体分割成 6 个体积相等的三棱锥的过程，并给了简单证明。[1]

把达·芬奇用镜像写法写的论证过程反过来观看，并用现代形式表述，具体如下（如图 5-30 至图 5-35）：

三棱锥 $c\text{-}bdg$ 是正方体 $abdcefgn$ 的一部分，且是正方体体积的 1/6。[2] 证明如下：三角形 cbg 是三棱锥 $d\text{-}cbg$ 和 $f\text{-}cbg$ 共同的底面，三棱锥 $d\text{-}cbg$ 和 $f\text{-}cbg$ 在正方形 $cdfg$ 对角线 cg 的两侧，所以点 d 和点 f 到 cg 的距离相等（三棱锥 $d\text{-}cbg$ 和 $f\text{-}cbg$ 的高相等，则 $V_{\text{三棱锥}d\text{-}cbg}=V_{\text{三棱锥}f\text{-}cbg}$）。[3] 同理，三角形 bfg 是三棱锥 $c\text{-}cbg$ 和 $n\text{-}bfg$ 共同的底面，它们的顶点 c、n 到底面 bfg 的边 bf 的距离相等（三棱锥 $c\text{-}bfg$ 和 $n\text{-}bfg$ 的高相等，则 $V_{\text{三棱锥}c\text{-}bfg}=V_{\text{三棱锥}n\text{-}bfg}$，所以 $V_{\text{三棱锥}d\text{-}cbg}=V_{\text{三棱锥}f\text{-}cbg(c\text{-}bfg)}=V_{\text{三棱锥}n\text{-}bfg}$，则 $V_{\text{三棱锥}c\text{-}bdg}=\dfrac{1}{3}V_{\text{三棱柱}cbd\text{-}fng}$）。$V_{\text{三棱柱}cbd\text{-}fng}=\dfrac{1}{2}V_{\text{正方体}abcdefgn}$（$V_{\text{三棱锥}c\text{-}bdg}=\dfrac{1}{6}V_{\text{正方体}abcdefgn}$）。

1　Leonardo Da Vinci,*Tratados Varios De Fortificacion Estatica Y Geometria Escritos En Italiano II：Library Number 8936,*Tokyo:Iwanamisyoten, 1975,P.70.

2　此处 *abcdefgn* 达·芬奇误记为 *abcdefg*.

3　此处 *cg* 达·芬奇误记为 *cd*.

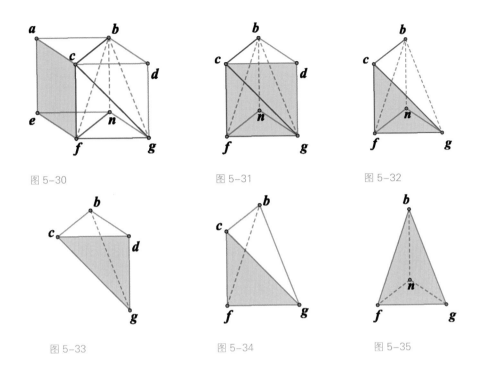

图 5-30   图 5-31   图 5-32

图 5-33   图 5-34   图 5-35

　　达·芬奇这个证明过程的整体思路和步骤是正确的，但是在个别细节问题上犯了写错字母的错误，我们根据他的证明的说明进行了纠正。

六、立体图形的制作

　　用数学家的眼光看多面体的几何图形，就是由点、线、面组成的抽象的存在，换言之，这些几何图形与现实世界的具体事物无关。但是在达·芬奇的精神世界里，多面体具有反映生命和自然相互统一的意义。在研究炼金术的过程中，达·芬奇发现可以人为地合成自然界中所没有的化合物，他由此想到，利用几何设计同样可以创造出大自然中不存在的形体，也许可以揭示自然隐秘不为人知的一面。另一方面，

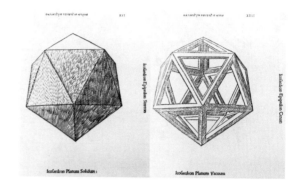

图 5-36　帕乔利《神圣比例》封面　　图 5-37　《神圣比例》中正十二面体

达·芬奇认为，古人称人是微缩的地球，……因为人也是由土、水、气和火构成，构成地球的要素也是构成人的要素。[1]达·芬奇的这一观点是古希腊哲学家毕达哥拉斯和柏拉图关于宇宙万物形成元素的哲学观点的继承。他们认为，正多面体有五种，它们对应着宇宙元素：正六面体对应土元素，正四面体对应火元素，正二十面体对应水元素，正八面体对应气元素，而正十二面体则象征着浩瀚的天空。宇宙万物用这种几何语言书写了它的结构和规律。达·芬奇以柏拉图的五种正多面体为出发点，在结合数学与艺术的基础上，创作了精妙绝伦的多面体图形，让人们领略到数学的纯粹美和他的惊世才华。

达·芬奇手稿中的图形多为立体图形，其中为其老师卢卡·帕乔利著作《神圣比例》（De divina Proportione，1509 年）而作的插图是最著名的（如图 5-36）。1496 年达·芬奇与卢卡·帕乔利一同被聘请到米兰宫廷后，达·芬奇有了向卢卡·帕乔利学习数学的良机，这使达·芬奇的数学水平有了很大的提高。1498 年，达·芬奇为卢卡·帕乔利的著作《神圣比例》，以柏拉图五种正多面体为中心画了 60 幅插图，其中 1 幅为教堂门，3 幅分别为圆柱体、圆锥体和球，其余 56 幅图以 28 种多面体的开窗型和具体型成对的形式出现（如图 5-37）。这些图形的制作充分展示了达·芬

---

1 〔意〕达·芬奇著:《达·芬奇艺术与生活笔记》，戴专译，光明日报出版社，2012 年，第 149 页。

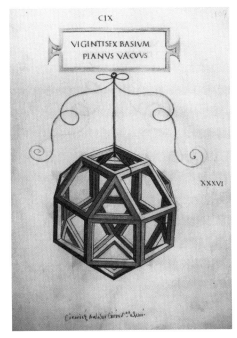

图 5-38　达·芬奇为《神圣比例》作的插图　　　图 5-39　达·芬奇为《神圣比例》作的插图

奇的空间直观想象能力。"在达·芬奇之前，已经有人展示过这些立体。但是，达·芬奇针对它们设计了一种更'具体的'展现方式。他用钢笔、墨水和水彩将这些形状画成悬挂在空间中、光影中以对称方式塑造的实物。此外，他还将每个形状绘制成'开窗'的形式，以便向人们全面展示每个形状的空间组合情况。"[1]（如图 5-38、图 5-39）

　　《神圣比例》中立体图形的制作耗费了达·芬奇的大量心血，有些图形的制作过程在其手稿的不同地方能够见到，如在《大西洋古抄本》中制作空心正二十面体时，先作了一个简单的素描，然后作了完整的图（如图 5-40）。

　　除上述几何图形外，在达·芬奇手稿中还有一些富有启发性的几何图形，如"三

<hr>

1 〔英〕马丁·肯普著：《达·芬奇：100 个里程碑》，叶芙蓉译，金城出版社，2019 年，第 83 页。

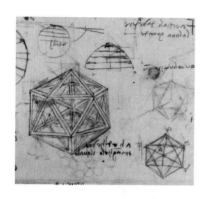

图 5-40　编号 518r "几何学研究"

图 5-41　编号 709r "三维透视研究"

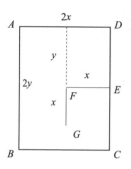

图 5-42　黄金矩形

图 5-43　正二十面体几何模型

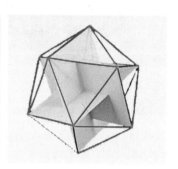

图 5-44　正二十面体

维透视研究"（如图 5-41）。我们用三张大小相同的正方形纸张可以制作该图的模型，连接各顶点就得到一个有规则的二十面体，但不是正二十面体。既然用三个相同的正方形两两垂直地交叉后得到一个有规则的二十面体，那么使用类似方法适当改变几何图形形状能否得到一个正二十面体呢？答案是肯定的。我们可以用三张大小相同的黄金矩形制作该模型。

　　在矩形卡片 $ABCD$ 中，$AB:BC = 2y:2x \approx 0.618$，在边 CD 的中点 E 处延垂直于 CD 方向剪 $EF = \dfrac{1}{2}AD = x$，再从 F 点延平行于 CD 方向剪 $FG=EF=x$（如图 5-42）。用同样的方法共剪三张卡片，使两两垂直地交叉，就得到如图 5-43 的几何模型，再连接各顶点便得到正二十面体（如图 5-44）。

人们由"三维透视研究"联想到用三张相同的黄金矩形能够制作正二十面体的过程，是富有创意的。通过类似的活动，可以培养学生手脑并用的能力、提升学生学习数学的兴趣。

七、绘画中的数学应用

达·芬奇的数学应用涉及他研究的所有领域，极其广泛。这里，我们简要地介绍他在绘画创作中的数学应用——比例理论和透视法。达·芬奇通过直觉可以把握创作对象的位置和大致比例，如不少人认为《最后的晚餐》《蒙娜丽莎》的创作中严格地使用了透视法、黄金比例，尽管在他的相关手稿中没有发现使用透视法的迹象。"但是这依然无法令人信服地证明列奥纳多在创作中自觉使用了精确的数学比例。"[1]

（一）《维特鲁威人》

马尔库斯·维特鲁威·波利奥（Marcus Vitruvius Pollio），公元前 1 世纪生活于罗马共和制向帝制过渡的重要转折时期，他是一个"保守主义者"，不遗余力地维护从古希腊传承下来的人文价值观和建筑理想。他学习研究的领域包括绘图、几何学、算术、光学、历史学、哲学、音乐学、医学、法律、天文学、古典语文学、古典文献学等，非常广泛。我们从他的经典著作《建筑十书》中，可以看到这些研究领域。由于文艺复兴时期的人文主义者崇尚古代文学艺术的辉煌，对希腊语和拉

---

1 〔美〕沃尔特·艾萨克森著:《列奥纳多·达·芬奇传: 从凡人到天才的创造力密码》,汪冰译,中信出版社,2018 年,第 207 页。

丁语文献抱有浓厚的兴趣，这使维特鲁威的《建筑十书》进入他们的视野。因此，维特鲁威的《建筑十书》很自然地成为达·芬奇学习研究的珍贵文献，并对他产生了深刻影响。也许是一种巧合，维特鲁威有"措辞笨拙，语句臃肿，忽然节外生枝"[1]的写作方式，而达·芬奇在这方面有过之而无不及，甚至在一张稿纸上写完全不同的内容，而且采用镜像书写方法。

《建筑十书》第三书中提出：一座建筑应反映出人体的比例。维特鲁威认为大自然是按照下述方式构造人体的，面部从颏到额顶和发际为身高的 1/10，手掌从腕到中指尖也是如此；头部从颏到头顶为 1/8；从胸部顶端到发际包括颈部下端为 1/6；从胸部的中部到头顶为 1/4。面部本身，额底至鼻子最下端是整个脸高的 1/3，从鼻下端至双眉之间的中点是另一个 1/3，从这一点至额头发际也是 1/3。脚长是身高的 1/6，前臂为 1/4，胸部也是 1/4，其他肢体又有各自相应的比例。[2]

这种人体比例的思想对达·芬奇的绘画创作产生了重要影响。达·芬奇十分崇尚并强调运用维特鲁威的人体比例，指出维特鲁威把人体的尺寸安排如下：四指为一掌，四掌为一足，六掌为一腕尺，四个腕尺为人之身高，四腕尺合一步，二十四掌合全身。他在建筑里也用到这些丈量方法，如果你叉开双腿，使身高降低 1/14，分别举起双臂使中指指尖与头顶齐平，连接伸展的四肢的末端组成一个外接圆，肚脐恰巧在整个圆的中心位置，而两腿当中的空间恰好构成一个等边三角形。[3]（如图 5-45[4]）。

1　〔古罗马〕维特鲁威著：《建筑十书》，〔美〕I. D. 罗兰英译，〔美〕T. N. 豪评注插图，陈平中译，北京大学出版社，2017 年，英译前言，第 13 页。

2　〔古罗马〕维特鲁威著：《建筑十书》，〔英〕I. D. 罗兰英译，〔美〕T. N. 豪评注插图，陈平中译，北京大学出版社，2017 年，第 105 页。

3　〔意〕达·芬奇著：《达·芬奇笔记》，杜莉编译，金城出版社，2011 年，第 91 页。

4　〔古罗马〕维特鲁威著：《建筑十书》，〔美〕I. D. 罗兰英译，〔美〕T. N. 豪评注插图，陈平中译，北京大学出版社，2017 年，第 297 页。

114　　　艺术中的数学文化史

由上述两段叙述可以知道，维特鲁威实际上给出了人体比例的两个模型，即以肚脐为中心的圆模型（如果一个人平躺在地上，手和脚向周围伸展，圆心在他的肚脐上，他的手指和脚趾将会触碰到圆周）和以耻骨为中心的正方形模型（如果一个人平躺在地上，手和脚向周围伸展，从脚趾到头顶的距离等于一只手指尖到另一手指尖的距离）。达·芬奇从不盲从权威，即便是对维特鲁威也不例外。[1]达·芬奇经过大量的实验和比较，综合并适当调整维特鲁威的两套模型创作了《维特鲁威人》，超越了维特鲁威，描述了完美的人体比例。《维特鲁威人》中描绘了一个男人在同一位置上的"十字形"和"火字形"的姿态，并同时被分别嵌入到一个矩形和一个圆形中（如图 5-46[2]）。

对于达·芬奇在创作《维特鲁威人》时把人放置在正方形和圆中，一种说法

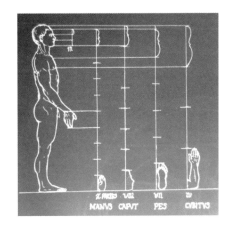

图 5-45　人体比例

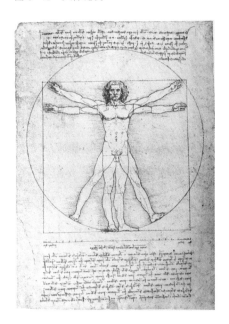

图 5-46　《维特鲁威人》（达·芬奇绘）

1　〔加〕罗斯·金著:《达·芬奇，和他的〈最后的晚餐〉》，林海译，中国青年出版社，2017 年，第 221 页。

2　〔意〕列奥纳多·达·芬奇著:《达·芬奇笔记》，〔美〕H. 安娜·苏编，刘勇译，湖南科学技术出版社，2018 年，第 39 页。

认为这是达·芬奇对化圆为方的一种尝试[1]。

对达·芬奇而言，人类不仅是一个具有无穷无尽的生命力的有机体，也是世界的典范，个人和宇宙的关系正如一面镜子，相互折射、相互映衬，《维特鲁威人》就是达·芬奇对两者关系的完美诠释。

（二）马

马在人类文明发展的进程中扮演了极为重要的角色。在现代文明诞生之前，马是财富、身份、精神的象征，甚至是民族和国家文化的象征。自古以来，无论是东方还是西方，马是艺术家们展示自己才华的对象之一。

既然人体的各组成部分之间存在固定的比例关系，马是否也有类似于人体那样的比例关系呢？这是达·芬奇曾经思考的问题。为掌握马的解剖结构和体型比例，达·芬奇耗费了大量的精力。他以一匹和 1/16 匹为单位详细记录精心校正的测量数据，然后以 1/16 为单位进行分解和二次分解（如图 5-47）。马的体型是大自然赋予的，他试图从中提取某种"视觉音乐"。[2] 达·芬奇关于马的艺术作品，一般以这种比例为前提而创作。

达·芬奇作为意大利文艺复兴时期的代表人物，为人类留下了丰富而珍贵的文化遗产。科学、艺术、建筑、哲学等所有人类智慧是他的导师。他是欧几里得《几何原本》的研读者，他是毕达哥拉斯、柏拉图和亚里士多德的膜拜者，他是阿基米德力学和军事学的继承者，他是维特鲁威《建筑十书》的超越者，他是绘画作为一门科学的提出者，他是解剖学的视觉化展示者。

达·芬奇是自学成才，没有接受过系统教育。正因为这样，他的兴趣、所涉猎

---

1 〔英〕乔尔·利维著：《奇妙数学史：从早期的数字概念到混沌理论》，崔涵、丁亚琼译，人民邮电出版社，2016年，第43页。

2 〔英〕马丁·肯普著：《达·芬奇100个里程碑》，叶芙蓉译，金城出版社，2019年，第60-61页。

图 5-47　《习作——加莱亚佐·圣塞韦里诺的马厩中一匹马的体型比例》（达·芬奇绘，约 1493 年）

的领域、工作方式、思维过程等不受任何所谓"规矩"的束缚。在历史上这样的例子不只达·芬奇一个，还有笛卡尔、爱迪生等人。虽然历史是不能假设的，但是我们也不妨假设——如果这些天才们接受了小学、中学和大学的系统而规范的教育，那么情况会如何呢？这是我们每一个教育工作者必须认真思考的问题，从这里也会提出一些教育悖论来。

　　达·芬奇的数学手稿为数学教育工作者提供了宝贵的启示：一是在小学可以学习三角形的各种形态及其内角和是否等于 180° 等问题，也可以掌握拓扑学的初步观念；二是在初中可以学习勾股定理的各种表述及由此而引发的曲线形勾股命题、立方体形的勾股命题等，这对学生的直观想象和联想能力的培养至关重要；

三是数学学习要勤奋，动手动脑，正如欧几里得所说"没有专门为国王铺设的大路"。

　　加勒特·汤姆森在《莱布尼茨》序言中说："当我评价别人时若出现差错，我宁愿错在宽容他人上。对他人著作的评价也是如此。在著作中，我努力发现的不是应该责怪什么，而是应该赞扬什么，应该从中学到哪些东西。"[1]达·芬奇虽然是神坛上的天才，但他也是一个人。金无足赤，人无完人。达·芬奇的任何一项工作似乎都没有做全，没有完整的系统，而且个别研究中丢三落四或者出现错误。他的手稿是他生前没有整理出版的初稿，因此这些瑕疵的存在是情有可原的。

1　〔美〕加勒特·汤姆森著:《莱布尼茨》，李素霞、杨富斌译，中华书局，2014年，第1页。

第六篇

艺术中的数学教与学

自古希腊至今，数学在西方教育中享有崇高的地位。即使是所谓黑暗的中世纪也要求人们学习数学，虽然研究数学是有限制的。正因为如此，西方艺术家以学习、研究和教授数学为题材进行创作，以便满足社会需要。特别是文艺复兴以后，出现了不少这方面的作品。

一、帕乔利

帕乔利（Luca Pacioli，约 1445 ～ 1517 年），意大利数学家。早年自学，从他的同乡、画家和数学家弗兰切斯卡的透视学著作中学到了许多数学知识。他的数学著作《算术、几何、比与比例集成》（1494 年），取材于欧几里得、托勒密、博伊西斯、斐波那契等人的著作，包括算术、代数、几何的集成知识和各种币值、重量、度量等表格。其中使用的印度—阿拉伯数字、大量的数学符号以及有关三次方程的论述，对 16 世纪欧洲数学产生了重要影响。他被称为"近代会计之父"，著作有《簿记论》。他的著作《神圣比例》讨论黄金比例和正多面体问题，收入了好友达·芬奇所绘的 60 幅立体画作为插图。他还用拉丁文翻译了欧几里得《几

图6-1 《卢卡·帕乔利的肖像》(雅克布·德·巴
尔巴里绘，1495年，那不勒斯的卡波迪蒙特博
物馆藏)

图6-2 《卢卡·帕乔利的肖像》局
部图

何原本》。

　　画家雅克布·德·巴尔巴里的杰作《卢卡·帕乔利的肖像》（如图6-1）概括
了帕乔利的几何学成果。对作品的作者也有不同的说法，有人认为是贝雷松的作品。[1]
如这幅肖像所示，帕乔利是一位方济各会修士，也是数学家。他认识达·芬奇和弗
兰切斯卡，并与他们分享数学上的想法。这里，他在演示欧氏几何学一个冷僻的问
题——如何先作出等边三角形再作五边形，然后作出正十五边形。五边形特别有
趣，因为其底边和顶点构成的三角形包含了黄金比例。帕乔利的形体构成的三角形
反映了画作的几何学主题，这也可见于右下角的由十二个正五边形构成的正十二面
体，以及右上角悬挂的小斜方截半立方体。[2]在桌子上红色书本切边所写的"li.r.luc.
bur."象征着《算术、几何、比与比例集成》一书。而欧几里得体现在打开的书卷
上写着的"第八卷"，很可能就是他的名作《几何原本》的最后一本（如图6-2）。

---

1 〔意〕马蒂亚·盖塔编著：《那不勒斯卡波迪蒙特博物馆》，项好译，译林出版社，2015年，第44页。

2 〔英〕理查德·斯坦普著：《文艺复兴的秘密语言——解码意大利艺术的隐秘符号》，吴冰青译，北京时代文化书
　局，2015年，第59页。

帕乔利的名字清晰地写在黑板的边缘，上面同样也写着数学定理。[1]

二、近代哲学之父笛卡尔

笛卡尔(Descartes，1596～1650年)，法国著名数学家和哲学家（如图6-3）。他出身于贵族，早年接受传统的神学和经院哲学的教育，还学习了数学和自然科学。他不满意中世纪的学说，认为闭门读书无用，决心走向社会，用自己的理性解决科学问题。他曾在荷兰、巴伐利亚和匈牙利三个军队中短暂服役，但没有参加战斗。他进行了广泛游历，观光过意大利、波兰、丹麦等国家。其间，他系统地陈述了他发现真理的一般方法。

图6-3 笛卡尔

1629年，他定居荷兰，因为荷兰有自由思想，同时可以避开巴黎的社会纷扰，满足他的"我只要求安宁与平静"的要求。1649年10月4日，笛卡尔应瑞典女皇克莉丝汀娜的隆重邀请到皇宫当女皇教师。克莉丝汀娜每天早晨4点起床，要求笛卡尔从早晨5点开始给她讲授哲学、数学。笛卡尔的住处——法国驻瑞典大使馆——离皇宫有一段距离。因此，笛卡尔必须4点之前起床做准备工作之后前往皇宫。但是笛卡尔从小养成了晚起的习惯，这与他现在的工作要求的时间迥然不同。笛卡尔在寒冷的冬天早晨往返于大使馆和皇宫之间，他虚弱的身体无法承受寒冷和极度疲

1 〔意〕马蒂亚·盖塔编著：《那不勒斯卡波迪蒙特博物馆》，项好译，译林出版社，2015年，第44页。

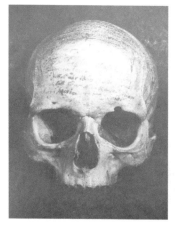

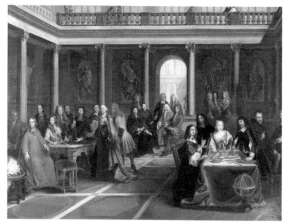

图 6-4　笛卡尔颅骨　　　　　图 6-5　笛卡尔为克莉丝汀娜女皇教授哲学

愈。结果于 1650 年 2 月 3 日一病不起，于 11 日去世。

　　笛卡尔去世的第二天清晨 4 点钟，他被安葬在斯德哥尔摩市中心往北的一座小公墓。1666 年 5 月，法国大使特伦等人将笛卡尔遗骸从公墓中挖出后运回法国大使馆。特伦向相关组织申请获得笛卡尔右手食指的骨头并得到批准，他认为那是"死者写下不朽之作所使用的工具"。[1] 之后，特伦亲自把笛卡尔遗骸运送到丹麦的哥本哈根。1666 年 10 月上旬，从哥本哈根运往法国巴黎，最后安葬在哥特式的圣保罗教堂里。在安葬、搬运和重新安葬的复杂过程中，笛卡尔的头颅被盗，此后经过了拍卖和收藏家的收藏以及瑞典收藏家赠送给法国政府等漫长岁月。如今，颅骨上还有收藏家们做的收藏记录（如图 6-4[2]）。

　　笛卡尔一生论著颇丰，如《指导心智的规则》（1628 年）、《论方法》（1637 年）、《形而上学的沉思》（1641 年）、《哲学原理》（1644 年）等。但除《论方法》以外，

1　〔美〕萧拉瑟著：《笛卡尔的骨头——信仰与理性冲突简史》，曾誉铭、余彬译，上海三联书店，2012 年，第 66 页。

2　Russell Shorto, *Descartes' Bones：A Skeletal History of the Conflict between Faith and Reason,* New York：Doubleday, 2008, title page.

都是他去世后才陆续出版，有些已经散佚。

图 6-5[1] 的右侧场景中，笛卡尔为克莉丝汀娜女皇及其大臣们讲授哲学和数学，桌子上有两张重叠的纸，上面一张纸有些上翘，这样下面一张纸上的几何图形三角形、多边形等清晰可见，笛卡尔在上面一张纸上画了两个不同的同心圆，有两条相交的直线与两圆相交。桌子上有一个圆规和直尺，笛卡尔用一只手指着几何图兴致勃勃地讲解，另一只手拿着圆规。桌子旁边放置着一个天文仪器。其他人也都把注意力集中到笛卡尔和克莉丝汀娜女皇这里。从桌子周围人的动作看，大家正在热烈讨论某一问题。笛卡尔右侧的女士为女皇，女皇后面的男士应该是驻瑞典的法国大使夏努。这也记录了笛卡尔生命最后四个月里教授哲学和数学的情景。

但是，笛卡尔的到来也引来素不相识的人们的嫉恨。1649 年 10 月 4 日，笛卡尔从荷兰到达瑞典首都斯德哥尔摩。"第二天，克莉丝汀娜女皇举办了盛大的典礼迎接笛卡尔的到来。女皇对笛卡尔所展现的伟大敬意，也激起了宫廷中其他的学者对这位新来者的嫉妒之意。在这些学者当中，对笛卡尔最具敌意和嫉妒的，莫过于女皇的首席图书馆馆长弗雷歇米厄斯（Freinsheimius）。"[2]

在一张标记为 1791 年的插图上，我们发现笛卡尔视书本知识如草芥，大部分著作都被丢在地上（如图 6-6）。笛卡尔希望阅读的首先是"世界这本大书"，并研究自然。[3] 图 6-7[4] 也显示，笛卡尔在工作，他的右脚踩在一本书上，说明笛卡尔超越了过去的知识和思想，创立着新的知识和思想体系。

笛卡尔创立解析几何，开创了数学史上的新纪元，把数学引向新的道路，改变

1 Amir D. Aczel,*Descartes's Secret Notebook*,New York:Broadway Books,2005,p.190.

2 〔以〕阿米尔·艾克塞尔著：《笛卡儿的秘密手记》，萧秀姗、黎敏中译，上海人民出版社，2008 年，第 209 页。

3 〔荷兰〕扬·波尔、埃利特·贝特尔斯马等主编：《思想的想象：图说世界哲学通史》，张颖译，北京大学出版社，2013 年，第 335 页。

4 〔法〕笛卡尔著：《笛卡尔几何：附〈方法谈〉〈探求真理的指导原则〉》，袁向东译，北京大学出版社，2008 年，第 14 页。

图 6-6　笛卡尔在研究

图 6-7　笛卡尔在工作

了科学历史的进程。解析几何是笛卡尔方法论的一种实验[1]，该实验遵循了笛卡尔方法论的四条原则：

第一条：凡是我没有明确地认识到的东西，我决不把它当成真的接受，也就是说，要小心避免轻率的判断和先入之见，除了清楚分明地呈现在我心里、使我根本无法怀疑的东西以外，不要多放一点别的东西到我的判断里。

第二条：把我所审查的每一个难题，按照可能和必要的程度分成若干部分，以便一一妥为解决。

第三条：按次序进行我的思考，从最简单、最容易认识的对象开始，一点一点逐步上升，直到认识最复杂的对象；就连那些本来没有先后关系的东西，也给它们设定一个次序。

最后一条：在任何情况之下，都要尽量全面地考察，尽量普遍地复查，做到确信毫无遗漏。[2]

1　林夏水著：《数学哲学》，商务印书馆，2003 年，第 89 页。

2　〔法〕笛卡尔著：《谈谈方法》，王太庆译，商务印书馆，2000 年，第 16 页。

这四条原则是解决问题的普遍原则，可以和美国实用主义教育家约翰·杜威的《民主主义与教育》中提出的反思性思维的五个特征、美籍匈牙利数学家 G. 波利亚（George Polya）的《怎样解题——数学教学法的新面貌》中"解题表"的四个步骤相比较一下。

笛卡尔将这些一般性原则应用在数学研究中，提出了将几何学和代数学统一起来并创立解析几何的四个步骤：

第一，确定单位线段，建立线段与数的对应关系。他发现算术存在着加、减、乘、除四则运算，几何也存在着线段的加加减减。如果几何不存在线段的明显加减关系，"我可以取一个线段，称之为单位，目的是把它同数尽可能紧密联系起来，而它的选择一般是任意的"。这样，就可以使线段与数对应起来。

第二，用代数字母（符号）表示线段。他说："通常，我们并不需要在纸上画出这些线，而只要用单个字母标记每一个线段就够了。"例如，用 a 表示线段 AB，用 b 表示线段 CD，等等；而且我们可以用这些符号来表示线段的加减乘除。

第三，利用线段间的自然关系列出代数方程，即把几何问题转化为代数问题。有了第二步就可以给所有的线段（不管是已知的，还是未知的）定名，即用符号表示之。然后"利用这些线段间最自然的关系，将难点化解，直到找到这样一种可能，即用两种方式表示同一个量。这将引出一个方程，因为这两个表达式之一的各项合在一起等于另一个的各项"。一般说来，未知线段的数目与方程的个数一样多，否则该问题的解是不确定的。

第四，解方程。当得到若干方程后，必须有条不紊地利用其中每一个，或单独加以考虑，或是把它与其他的相比较，以便得到每一个未知线段的值。为此，我们必须先统一进行考察，直到只留下一条未知线段，它等于某条已知线段；或是未知线段的平方、立方、四次方、五次方、六次方等当中的一个；或等于两个或多个量的和或差，这些量中的一个是已知的，另一些由单位跟平方、立方、四次方得出的比例中项乘以其他已知线段组成。

下列方程表达了所出现的情况：

$$y = b$$
$$y^2 = ay + b^2$$
$$y^3 = ay^2 + b^2 y - c^3$$
$$y^4 = ay^3 - c^3 y + d^4$$

"这样，所有的未知量都可以用单一的量来表示"，因此，"对于任何熟悉普通几何和代数的人而言，只要他们仔细地思考这篇论著中出现的问题，就不会碰到无法克服的困难"。[1]

笛卡尔创立解析几何后向他的朋友说："在几何学里，就不存在其他任何需要人们去发现的东西了。这个任务很繁重，不可能凭一己之力完成。虽然这一切令人难以置信，但它的前景却无比广阔，但我已经在这科学的黑暗混沌中看到了一束明确的光……"[2]

笛卡尔对数学的性质和价值有独到的见解，他认为："数学是一门理性的演绎科学。"[3]"算术和几何之所以远比其他学科确实可靠，是因为，只有算术和几何研究的对象既纯粹而又单纯，绝对不会误信经验已经证明不确实的东西，只有算术和几何完完全全是理性演绎而得的结论。""探求真理正道的人，对于任何事物，如果不能获得相当于算术和几何那样的确信，就不必要考虑它。"[4]

笛卡尔高举理性主义的旗帜，号召人们依从理性光芒的指引，探求事物的真理。如图6-8[5]，画面上方的真理头上放出象征智慧的万丈光芒，旁边的理性和哲学正从她脸上揭取面纱。

1　林夏水著：《数学哲学》，商务印书馆，2003年，第91–92页。

2　〔美〕萧拉瑟著：《笛卡尔的骨头——信仰与理性冲突简史》，曾誉铭、余彬译，上海三联书店，2012年，第30页。

3　林夏水著：《数学哲学》，商务印书馆，2003年，第86页。

4　〔法〕笛卡尔著：《探求真理的指导原则》，管震湖译，商务印书馆，1991年，第6–7页。

5　〔法〕笛卡尔著：《笛卡尔几何：附〈方法谈〉〈探求真理的指导原则〉》，袁向东译，北京大学出版社，2008年，第74页。

图 6-8　1772 年《百科全书》
插图

　　在创立新体系的过程中，笛卡尔的怀疑论思想一直指引着他前进的道路。自古
希腊哲学家苏格拉底以来，西方哲学家都十分珍视怀疑论的重要作用。他们说："怀
疑是所有要进入智慧殿堂的人必须经过的前厅。（Caleb Colton）""哪里有怀疑，
哪里就有真理——怀疑是真理的影子。（G. Bailey）"[1]怀疑是笛卡尔主要的思维
方式。在怀疑的过程中，笛卡尔发现了一个不可怀疑的第一原则——"我思故我在"。

1　〔美〕小西奥德·希克、刘易斯·沃恩著：《做哲学：88 个思想实验中的哲学导论》，柴伟佳、龚皓译，北京联
　　合出版公司，2018 年，第 562 页。

笛卡尔在《谈谈方法》中说道：

> 我马上就注意到：既然我因此宁愿认为一切都是假的，那么，我那样想的时候，那个在想的我就必然应当是个东西。我发现，"我想，所以我是"这条真理是十分确实、十分可靠的，怀疑派的任何一条最狂妄的假定都不能使它发生动摇，所以我毫不犹豫地予以采纳，作为我所寻求的那种哲学的第一原则。

> 我发现，"我想，所以我是"这个命题之所以使我确信自己说的是真理，无非是由于我十分清楚地见到：必须是，才能想。因此我认为可以一般地规定：凡是我十分清楚、极其分明地理解的，都是真的。不过，要确切指出哪些东西是我们清楚地理解的，我认为多少有点困难。[1]

这说明，如果他在怀疑某件事是确定的，那么他的存在也是确定的，因为除非他存在，否则就不能怀疑。笛卡尔把"我思故我在"当作关于外部世界知识的基础。笛卡尔两种主要的哲学论证是"我怀疑，所以我在。""我怀疑，所以上帝存在。"[2]

三、修道院中的数学学习

在西方数学文化史上，数学与宗教有千丝万缕的关系。古希腊毕达哥拉斯学派同时研究宗教和数学，在他们的数学观中能够窥见宗教的影响。中世纪数学与宗教的关系变得更为密切，即便是到文艺复兴时期和其后的科学革命时期也是如此。不少科学家和数学家是从教会、修道院等宗教机构的学校走出来的。我们可以列出一串名单来，他们是英国数学家布雷德沃丁（Thomas Bradwardine，约 1290 ~ 1349

---

1 〔法〕笛卡尔著：《谈谈方法》，王太庆译，商务印书馆，2005 年，第 26~27、28 页。

2 〔美〕唐纳德·帕尔默著：《看，这是哲学》，郑华译，北京联合出版公司，2016 年，第 150 页。

年），法国数学家奥雷姆（Nicole Oresme，约1320～1382年），阿拉伯天文学家和数学家兀鲁伯（Ulugh Beg，1394～1449年），意大利数学家帕乔利，德国数学家和艺术家丢勒，意大利数学家、物理学家和天文学家伽利略（Galilio Galilei，1564～1642年），德国天文学家、物理学家和数学家开普勒，法国数学家梅森（Marin Mersenne，1588～1648年），法国数学家笛卡尔，意大利数学家卡瓦列里（Francesco Bonnaventura Cava-lieri，1598～1647年）等都在修道院或宗教学校学习过。修道院是天主教和东正教教徒修道的机构，在天主教会中，也是培养神父的地方，所以也叫神学院。修道院是古代西方文化活动的重要场所，也是学习研究数学的重要场所。

西方艺术家为了表现这种数学文化活动，创作了不少艺术作品。在《修道院的生活》这幅手抄插图中，一位修士正在抄写书稿，另一位进行着几何计算，第三位在切割羊皮纸，还有两位在修缮房屋，下面的一位正在敲钟，召集修士们和周围社区的人来参加宗教仪式（如图6-9）[1]。其中抄写者和几何计算

图6-9 《修道院的生活》

---

1 〔美〕杰里·本特利、赫伯特·齐格勒、希瑟·斯特里兹著：《简明新全球史》，魏凤莲译，北京大学出版社，2009年，第295页。

图 6-10　僧侣数学家

图 6-11　一位老人为两位学生教授数学

图 6-12　基督徒和穆斯林
在一起研究几何学

者放在画面的突出位置，描述了数学是修道院生活的重要组成部分。图 6-10 所示
为僧侣数学家们在学习、研究数学。[1] 图 6-11 描述了一位老人为两位学生教授数学。[2]
图 6-12 描述了一位基督徒和穆斯林一起学习几何学。[3]

<hr />

1　〔美〕R. 弗里曼·伯茨著:《西方教育文化史》，王凤玉译，山东教育出版社，2013 年，第 130 页。

2　Lynn Gamwell, *Mathematics and Art:A Cultural History*,Princeton:Princeton University Press，2015,p.97.

3　Bridget Lim,Corona Brezina,*Al-Khwarizmi: Father of Algebra and Trigonometry*,NewYork:Rosen Publishing,2017,p.48.

7

第七篇

艺术中的女性与数学

女性在人类文明发展进程中扮演了重要的角色，在数学文化的发展中亦有不凡的表现，本篇展示了女性在数学文化发展中的重要作用。

在普通人的视野里，数学史上出现的精英几乎都是男性，女性可谓寥若晨星。即使是在男女平等的现代社会里，也是以男性数学家居多。其实在数学史中也能看到卓尔不群的女性数学精英，如用鲜血谱写人生终点的古希腊数学家希帕蒂亚、法国数学家索菲·热尔曼（Sophie Germain，1776～1831年）、俄国数学家索菲娅·柯瓦列夫斯卡娅（Sofiya Vasilievna Kovalev Skaya，1850～1891年）、德国数学家艾米·诺特（Amalie Emmy Noether，1882～1935年）等。这种情况也引起了艺术家的关注，激发了他们艺术创作的灵感，成为他们艺术创作的重要内容。

一、神话传说中与数学有关的女性

（一）女娲

女娲是中国上古时期神话中的创世女神。传说女娲造人，每天至少创造出七十种不同的东西，以黄泥仿照自己抟土造人，创造人类社会并建立婚姻制度；后因世间天塌地陷，于是熔彩石以补苍天，斩鳖足以立四极，留下了女娲补天的神话传说。自古以来中国人根据自己的想象，创造了关于女娲的各种艺术品。新疆阿斯塔那地区是唐代高昌故国，目前高昌遗址发现伏羲女娲图总数达 30 幅以上。图 7-1 是其中一幅，画中左边是女娲，右边是伏羲。女娲右手拿规，左手搭在伏羲肩上，手中握着四根算筹。伏羲左手拿着矩（直角尺），右手则搭在女娲肩上，右手也握着一种东西，画面不清晰。[1] 图 7-2 也是一幅伏羲女娲图，虽然伏羲和女娲的身体形状与图 7-1 有些不同，但是手持圆规和折尺的形状极相似。[2] 规是画圆的工具，矩是画直线和方的工具，规和矩合称为规矩 [3]。规和矩是伏羲女娲创造万物的工具。在山东梁武祠画像石中，也有手持规和矩的伏羲女娲图。

（二）天使

天使是神的使者，她的使命就是向人类传达神的意愿。在西方艺术中，天使的形象是有白色翅膀的少女或孩子。西方艺术家把天使和数学结合在一起进行创作，一方面表明神在创造数学或者研究数学，另一方面为数学赋予了神圣意义。

---

1 王力著：《中国古代文化常识》，北京联合出版公司，2014 年，第 12 页。

2 新疆维吾尔自治区博物馆编：《新疆出土文物》，文物出版社，1975 年，第 77 页。

3 李迪著：《中国数学通史——上古到五代卷》，江苏教育出版社，1997 年，第 50 页。

阿尔布雷特·丢勒（Albrecht Dürer，1471～1528年），是德国数学家、艺术家。早年随父亲学习金匠手艺，后来学习绘画和雕刻。1494年，到意大利学习艺术。他认识到新的艺术必须以科学特别是数学为基础，因此开始学习欧几里得《几何原本》和维特鲁威《建筑十书》。1505年再度到意大利时，拜会了数学家帕乔利。丢勒的主要数学著作有《量度四书》（1525年），其中论述了平面曲线的结构。他对螺线进行研究，提出了曲线和人体在两个或三个相互垂直的平面上的正交投影，成为18世纪蒙日画法几何的先声。他研究幻方，水平令人赞叹，成果体现在其艺术作品《忧郁》中（如图7-3）。

图 7-1　伏羲女娲图（1965年新疆吐鲁番县阿斯塔那出土）

《忧郁》刻画了一位忧郁的女性形象，画面中展示了两位天使正在学习数学或者创造数学。小天使右手拿着一支笔，大天使手拿圆规正准备作几何图。左上方有一只神鸟飞翔，在远处有一束光芒，也许象征着上帝之光。两位天使后面建筑物的墙上，挂着一个四阶幻方（如图7-4）。幻方最下面一行数字的中间两个数字分别为15和14，连接起来1514，就是完成《忧郁》的那一年。幻方左边还挂着一个沙漏计时器和一个天平。两位天使前面，摆放着一个较大的多面体模型、球体和木匠的工具。

《忧郁》也是文学家创作的宝贵素材，如美国作家丹·布朗在其《失落的秘符》中这样描述：

图 7-2　伏羲女娲图（1969年新疆吐鲁番县阿斯塔那出土）

图 7-3 《忧郁》(阿尔布雷特·　图 7-4 《忧郁》中的幻方
丢勒绘，1514 年)

　　画面主体是一个深思的人物，背后张开巨大的双翼，坐在一栋石头建筑物前，身边围绕着各种古怪、诡异、源自想象的东西，彼此都似乎毫无关联——量尺、衰竭的瘦狗、木匠工具、沙漏、各种几何形体、吊着的摇铃、天使像、一把刀、一把梯子。……画中人有双翼寓意着"人类中的天才"——这是个伟大的思考者，托腮冥想，面露沮丧，仍未获得灵光启示。围绕这个天才的是象征人类智慧的所有符号——科学、数学、哲学、自然、几何学、甚至木工所需的物件——但他依然不能攀上通往真知的梯子。即便是人类中的天才，也苦于无法领悟古代奥义。……从符号学来看，这幅画象征了人类试图将人类智慧转变为神一般的能力的诸多努力均告失败。用炼金术来诠释的话，它代表了我们无法把铅炼成金。[1]

　　在小说中，主人公罗伯特·兰登解读了幻方中数字的奥秘。幻方中各个数字之

<hr />

1 〔美〕丹·布朗著:《失落的秘符》，朱振武、文敏、于是译，人民文学出版社，2010 年，第 211-212 页。

艺术中的数学文化史

间有以下关系：

（1）顶上两行数的平方和等于底下两行数的平方和，即 748；

（2）第一行和第三行数的平方和等于第二行和第四行数的平方和，即 748；

（3）对角线上的数的和等于不在对角线上的数的和，即 68；

（4）对角线上的数的平方和等于不在对角线上的数的平方和，即 748；

（5）对角线上数的立方和等于不在对角线上的数的立方和，即 9248；

（6）四个顶点上的数字和等于中间四个数字之和，即 34；

（7）纵向、横向的四个数字之和为 34；

（8）两条对角线上的四个数字之和各为 34；

（9）四个象限、四个中心方块、四个角上的数字之和各为 34。

这里要说明的是，这是印度—阿拉伯数字首次在欧洲幻方中出现。幻方中这些数字的巧妙组合是丢勒的独创还是另有创造者，目前无法确定。

二、"四艺""七艺"中的女性

（一）"四艺"中的女性

2000 多年前，毕达哥拉斯学派首次提出"数学"这个术语，它包括算术、几何、天文和音乐四个学科，故称为"四艺"。如前所述，艺术家为了纪念毕达哥拉斯学派提出的数学"四艺"，创作了绘画作品《四艺的化身》。绘画中的四个女性分别为音乐家在伴奏，算术家右手持计算工具左手计算，几何学家在作图，天文学家手持天文仪器。

"四艺"引起中国艺术家的关注，是从明末意大利传教士利玛窦来中国传教

图 7-5 董其昌的临摹作品

开始。当时，著名画家董其昌（1555～1636年）通过利玛窦等人接触到西方绘画和科学思想并受其影响，试图创作一些中西风格结合的作品。董其昌临摹西方绘画画册中的作品，描绘了一群象征艺术与科学的寓意人物（如图7-5）。[1]画中有四个成人和两个孩子，四个成人分别手持算术书、圆规、地球仪和吹笛，分别代表了算术、几何学、天文学和音乐，这正是毕达哥拉斯学派所提出的西方数学"四艺"。其中，手持算术书、圆规和天文仪器的三位是女性。它表明中国的知识阶层开始积极接受西方的科学、哲学和艺术，并传授给儿童，因为他们已经认识到西方的这些舶来品对中国未来发展的重要作用。

（二）"七艺"中的女性

毕达哥拉斯学派数学"四艺"在中世纪扩展为"七艺"——文法、修辞、逻辑学、算术、几何、天文和音乐，简单地说，是语言学和数学两大学科的七个分支。如前所述，格雷戈尔·赖施《哲学珍宝》的插图"七艺"中，七个学科的化身都以女性形象出现，中间三头一体的天使自然也是女性。总之，艺术家将科学、哲学、艺术、历史和女性巧妙地结合在一起，其深刻意义不言而喻。

1　Roger Cooke,*The History of Mathematics:A Brief Course*,Hoboken:John Wiley &Sons,Inc., 2005,p.49.

17 世纪，数学有了飞跃性的发展。当时的数学家和科学家在"四艺""七艺"的基础上，进一步开拓了数学的新领域。德国数学家和工程师约翰内斯·福尔哈伯（Johannes Faulhaber，1580 ～ 1635 年）将数学的十八个分支以拟人化的方式用艺术手段展现出来（如图 7-6[1]）。约翰内斯·福尔哈伯把自己放置在艺术作品的中间，其周边用拟人化表现了音乐学、逻辑学、机械学、代数学、建筑学、天文学、几何学、算术学、三角学、测量学、地形学、地质学、

图 7-6　约翰内斯·福尔哈伯（1633 年，杜克八月图书馆藏）

航海学等数学及应用数学的学科。在图中算术家怀抱数据表，几何学家举着一个圆规和常见的测量工具，天文学家拿着神圣的球体，音乐学家怀抱鲁特琴。

三、作为数学家的女性

　　艺术家描述的数学家一般有两种类型，一种为艺术家想象中的数学家，另一种为某位具体的数学家。

1　Eleanor Robson, Jacqueline Stedall, *The Oxford Handbook of The History of Mathematics*，Oxford：Oxford University Press Inc., 2008，p. 539.

（一）几何学家

图 7-7　《哲学珍宝》插图

在格雷戈尔·赖施《哲学珍宝》的一幅插图中，展示了几何学的本质，从制作四分仪到木工、建筑测量。其中几何学家是一位女性，她手持圆规，正在聚精会神地工作（如图 7-7[1]）。在她面前的桌子上放着五种多面体、折尺等。桌子前面的地上木工和建筑师使用数学工具，正在紧张地工作。右侧一位男士手举类似于地球仪的球体向她走来，左侧有一个起重器械吊起一块重物。女几何学家被安排在整个画面的中间，表明数学在科学技术中的中心地位。

（二）数学家希帕蒂亚

希帕蒂亚（Hypatia，约 370～415 年）是古希腊一位伟大的数学家、天文学家和哲学家，是一位百科全书式的人物。艺术家创作了众多艺术作品，有的是表现她的美丽，有的是展现她的研究工作，有的是描述她为真理而遭到迫害。

370 年，希帕蒂亚出生于埃及亚历山大里亚城。父亲赛翁（Theon）是著名的数学家和天文学家。她在父亲的教育和影响下，学习算术、几何学和天文学，研读了欧几里得《几何原本》、阿波罗尼奥斯《圆锥曲线论》、阿基米德《论球和圆柱》、

---

1 〔美〕雷·斯潘根贝格、黛安娜·莫泽著：《科学的旅程》，郭奕玲、陈蓉霞、沈慧君译，北京大学出版社，2014年，扉页插图。

丢番图《算术》等数学经典著作。她协助父亲校对和评注欧几里得《几何原本》和天文学家托勒密的著作，后人都以这些校订本为范本，影响深远。希帕蒂亚也独立地注释过丢番图的《算术》和阿波罗尼奥斯的《圆锥曲线论》，但已失传。她还写过许多数学和天文学方面的论文，研究过星盘和水钟的制造问题，但大多随着亚历山大图书馆被烧毁而烧掉，仅存少量的一次、二次方程解法和天文推测方面的文章。[1]

图 7-8   希帕蒂亚在观测天象

希帕蒂亚倾向于研究学术与科学问题，而较少追求神秘性和排他性，强调哲学与科学尤其是哲学与数学的结合。希帕蒂亚的学术观点、哲学思想、人格魅力、雄辩才能，吸引了很多跟随者。她以"我已献身真理"为由拒绝求婚者，终身未婚。

412年，西里尔担任亚历山大的大主教后，推行所谓反对"异教"和"邪说"的计划，新柏拉图主义也在"邪说"之列。但是希帕蒂亚为捍卫真理拒绝放弃她的哲学主张，坚持宣传科学，提倡思想自由。415年3月的一天，希帕蒂亚像往常一样，乘马车到博物院讲学。行至恺撒瑞姆教堂旁边，一伙暴徒绑架了希帕蒂亚，将其迅速拖进教堂，残忍地杀害了她。作为为科学和真理献身的历史上第一位伟大的女数学家，希帕蒂亚被载入史册。

1   Charles Kingsley,*Hypatia,*London: Macmillan and Co,1888,p. 152.

图 7-9　希帕蒂亚在演讲

图 7-10　希帕蒂亚被绑架

　　　　艺术中的数学文化史

四、作为数学传播者的女性

数学传播的途径有多种，一般来讲有家庭中的学习、学校的正规教育、不同群体之间的交流和宣传等。

（一）教授数学的母亲

在儿童的家庭教育中，母亲扮演着重要角色，可以说，母亲是孩子的第一位老师。艺术家创作了大量关于母亲教育孩子的作品，其中也有不少母亲为孩子教授数学知识的作品。

17世纪的艺术品《数学器械的构造及其用法》中，年轻的母亲为三个孩子教授几何。母亲面向较大的孩子，在板子上面画了一个圆内接三角形。一个孩子在母亲的左侧，一个最小的孩子坐在地上（如图7-11[1]）。地板上散落着各种数学工具和科学仪器，这也反映了17世纪欧洲科学正在兴起的情景。

图7-11　《数学器械的构造及其用法》

（二）数学课堂上的女性

16世纪，法国、德国等创办了班级制的课堂教学。数学自然成为主要基础学科，占用了课堂教学的相当一部分时间。《黑板》中，少女可能是数学教师或者上讲台

1　〔日〕大矢真一著：《初等数学图说》，东京：岩崎书店,1962年，插图，第2页。

图 7-12 《黑板》（温斯洛·霍　图 7-13 《哲学与基督教艺术》（丹尼尔·亨廷顿绘，1868 年）
默绘，1877 年）

做题的学生，她在黑板上画了几幅几何图形，并用教鞭（指示棒）指着几何图形在讲解几何内容（如图 7-12[1]）。从黑板的大小看，一起学习的人应该很少。小黑板出现的历史较长，在大容量班级制教学出现后，才需要较大的黑板。

　　哲学、宗教、科学和艺术等领域是人类精神生活的主要方面，艺术家也常常通过艺术创作来揭示它们之间的联系。《哲学与基督教艺术》中，年迈的哲学家给威尼斯女孩教授数学（如图 7-13[2]）。哲学家边讲授数学，边倾听少女介绍与基督有关的艺术作品中的故事。

（三）毕达哥拉斯定理的宣传者

　　正如伟大的科学家开普勒所说："几何学有两件伟大的瑰宝：第一件是毕达哥

1　Lynn Gamwell, *Mathematics and Art:A Cultural History*,Princeton:Princeton University Press,2015,p.203.

2　*New Series the Art Journal,* Vol.4，New York：D.Appleton &Co.,Publishers.1878,p.96.

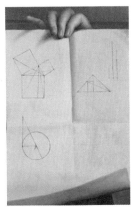

图 7-14　《文科，几何寓言》（洛朗·德拉·海尔绘，1649 年）　　　图 7-15　《文科，几何寓言》
局部图

拉斯定理，第二件是黄金分割。前者我们可以把它比作黄金，后者则可以命名为宝石。"[1]
可以说，毕达哥拉斯定理为常量数学转向变量数学开辟了道路。毕达哥拉斯定理和
毕达哥拉斯学派的"万物皆数"思想相遇之后便产生了无理数，无理数的产生改变
了古希腊数学的发展方向，为函数概念和思想的产生提供了可靠的技术保障，也对
解析几何、微积分的诞生起到了关键作用。毕达哥拉斯定理至关重要，一直以来引
起科学家、哲学家的关注，也激发了艺术家的创作灵感，创作了《文科，几何寓言》（如
图 7-14[2]）。其中，一位女性身穿古典服装，左手持圆规和矩，标志着启蒙运动在 17
世纪中期的开始。她右手拿着一张纸，上面有三幅几何图形（如图 7-15），分别是
欧几里得《几何原本》卷 1 命题 47（左上图）、卷 2 命题 9（右图）和卷 3 命题 36（左
下图）。她的右边放置着一个地球仪，地球仪上刻有经度和纬度，意味着几何学在
绘图和导航中的应用。她的身后有一尊埃及狮身人面像，其底座的铅垂线表明（抽象）
希腊几何学的（实际）埃及背景。整个画面完美地展现了科学、历史和艺术的和谐统一，

1　〔美〕卡尔·B.博耶著，〔美〕尤诺·C.梅兹巴赫修订：《数学史》，秦传安译，中央编译出版社，2014 年，第 60 页。

2　Lynn Gamwell, *Mathematics and Art: a Cultural History*, Princeton: Princeton University Press, 2015, p.70.

表达了几何学家乃至整个人类追求科学智慧的崇高理想。

（四）学习数学的清代女性

自 1607 年欧几里得《几何原本》被翻译引进中国后，到了清代，陆续有西方数学著作被翻译引进，学习西方数学的中国人逐渐增多。在家庭里，也出现了学习、讨论数学的情况。清代中期夏敬渠（1705～1787 年）的长篇小说《野叟曝言》（约于 1779 年前后完成）中，有几处详细描述了主人公文素臣与其妾刘璇姑之间交流数学的情景。在学习讨论勾股与三角形关系、三角形特点等问题的过程中，文素臣讲解了数学的功用和学习方法等问题。

在小说中，经过询问，文素臣了解到刘璇姑对《袖珍五经》《算法》《纲鉴荟要》《九章算术》等书所载算法"虽非精熟，却还算得上来。"文素臣听后十分高兴，决定继续教授《三角算法》，"可量天测地、推步日月五星。"刘璇姑表示还未曾听闻三角之名，素臣便解释三角不过是将勾股做了推广，其中涉及的四率也不过是并乘同除，还有弧度制，更需要进行推演及变形，家中有书可供刘璇姑自学。文素臣还向刘璇姑讲解了如何在钝角或锐角三角形中通过添加辅助线，使其转化为勾股的方法。吃饭期间，文素臣在桌上用筷子蘸着汤汁画圆，借以向刘璇姑讲解弧、矢、弦、径。刘璇姑天资聪慧，文素臣非常开心，甚至赞叹"海内虽无高弟，闺中自有传人"。早饭过后，文素臣画了几个关于求三角形面积、三角形内切圆、三角形内接正方形问题的圆形，并将三角形三边标明尺寸，叫刘璇姑来推算。刘璇姑也画了几个圆形，与原图容积相比，各得十分之六，文素臣连连称奇。之后，文素臣又对三角中的八线之理进行了讲解。

文素臣以刘璇姑的身体为模型教授她天文知识，并讲解了有关历史问题：文素臣在刘璇姑的肚子上画了一个大圈，用以表示算天，一周为三百六十度；肚脐表示算地；肚脐四周表示地面；肚脐心代表地心，边画边演示 $d_{地四周到天四周} = d_{地心到天四周} -$

d ~地心到地四周~。刘璇姑笑着说"天地谓之两大，原来地在天中"，但提出疑问古人常说天的一周是三百六十五度又四分度之一，称之为天行，为什么文素臣说只有三百六十度？文素臣解释虽然称三百六十五度四分度之一为天行，其实不是天之行。天行速度远比这快，"所算者不过经纬而已"，因经度上的行星运行与实际差别非常小，因而设为天行。古人计算的"天行盈缩"结果不尽相同。惟有邵康节[1]按三百六十度计算的方法最为稳妥，现今历法各家都取自于此，计算时采用调整去零的方法。"日月五星，行度各各不同，兼有奇零"；如若把天行再取作奇零，就很难推算，故取作整数。地恰好包含在天中，质量虽有不同，但形体近似一致，因此也采用三百六十度。天、地都取作整数，用来推演那些不是整数的日、月、五星，就可事半功倍。文素臣取过纸笔，画了许多代表黄、白、赤道、地平线、经纬的圆弧，来向刘璇姑展示"弧度交角之理"。

文素臣向刘璇姑介绍了历算的学习方法："测算并用，心目两精，循序渐进，毋有越思，斯得之矣。"文素臣又向刘璇姑详细介绍了中国传统的珠算方法和西方进来的笔算方法在科学研究中的作用之不同，认为珠算不宜使用，笔算最佳。

刘璇姑就《九章算术》向文素臣请教，文素臣认为将密率取为近似整数的方法会使结果比实际的小，但如果一定要使其完全吻合，就要精确密率，同时加、减、乘、除各法都只是开启数学大门的钥匙，真正入门需要使用笔算，因为"落纸有迹，虽有差讹，按图可复"。文素臣向刘璇姑展示了笔算的加、减、乘、除、平方、立方，刘璇姑十分聪明，很快便全部学会。

文素臣要娶刘璇姑为妾，聘礼也是数学书和数学工具：

> 算书全部，一百三十二本，规矩一匣，仪器一具，专人寄付，好为收领。算法妙于三角，历学起于日躔。

---

1 邵康节，北宋哲学家邵雍，字尧夫，谥康节，理学象数学派的创立者。

图 7-16 《刘璇姑在学习数学》（陈晗晟作，2018 年）

（田氏）知道璇姑通晓文墨，在书房内取进一张书架，便他安放书籍；一切文房之具，都替他摆设在一张四仙桌上。又将自己房内一把十九回的花梨算盘，也拿了过来。[1]

在中国的文学作品中如此详细地描述女性学习数学的愉快情景实属罕见。艺术家陈晗晟根据故事情节作画一幅，展现了刘璇姑为文素臣讲述自己学习数学的情况（如图 7-16）。

这里展示艺术中的女性与数学的目的在于，让人们看到女性在数学中的重要地位。对真理的追求，是男性与女性共同的追求，无论是苏格拉底还是希帕蒂亚都是如此。因此，考察女性与数学问题，应该从不同历史、文化和社会背景等多视角出发。

---

1 〔清〕夏敬渠著：《野叟曝言》，湘白校点，岳麓书社，1993 年，第 39—69 页。

8

墓葬中的数学文化

　　古代社会精英阶层或上层社会的人们不仅追求生前也追求死后的物质方面的荣华富贵和精神方面的欲望。于是出现了各种不同层次和样式的墓室，墓室中陪葬品、壁画等无奇不有。另外，生者为了表达对死者的纪念和敬畏，也建立了墓碑、祠堂、纪念馆等。墓葬中的物品涉及人类文化的方方面面，如陶器、青铜器、兵马俑、人俑、壁画、雕塑等。无论是从物质方面还是从精神方面，一言以蔽之，这些物品都是人类追求永恒的一种表现。在墓室的陪葬品、雕塑艺术、壁画作品里不乏数学文化的内容，而且其中一些颇为珍贵，具有重要的历史研究价值。如古埃及陵墓中的记数法、中国张家山汉墓中的《算数书》、梵蒂冈教皇陵墓中的青铜雕塑、古希腊数学家丢番图和阿基米德墓碑上的碑文、中国山东东汉晚期武梁祠画像石上的数学工具等。

一、中国古代墓葬中的数学文化

　　中国古代统治阶级墓葬里的陪葬品有俑人、兵马俑、各种礼器等，这些象征了他们的荣华富贵和权力。学者文人的墓葬里也有丰富的陪葬品，则反映了他们的生平志向和精神追求。另外，后人为祭祀先人所建造的墓碑或祠堂，也体现出一些精神品味的内容。

（一）张家山汉墓中的《算数书》

图 8-1 《算数书》部分竹简

1983 年末 1984 年初，在湖北省荆州市荆州区江陵县张家山 247 号汉墓（前 187～前 157 年）中出土了一批数学竹简（如图 8-1），约有 200 支 (185 支完整，10 余支不完整)，共计 7000 多字。因其中一支竹简背面刻有"算数书"三个字，所以被称为《算数书》，现藏荆州市博物馆。与《算数书》同时出土的还有《二年律令》《奏谳书》《盖庐》《脉书》《引书》、历谱和遣策。

经考证，《算数书》约成书于公元前 2 世纪或更早时间，比《周髀算经》和《九章算术》还要早 100 年左右。因此，可以说《算数书》是迄今为止我们所知道的中国最古老的数学著作。《算数书》是秦汉官吏学习数学知识的必读之书，也是负责经济管理工作的官员经常使用的工具书。[1]《算数书》奠定了中国古代数学发展的基础，系统地总结了秦及其以前的数学成就，对另一部数学巨著《九章算术》的产生有着直接的影响。同时它开创了以计算为中心的问题集的编撰体例，并成为中国古代数学著作的传统。[2]

2000 年，张家山汉简整理小组初步完成《算数书》竹简的整理和解读工作，

1　彭浩：《中国最早的数学著作〈算数书〉》，《文物》，2000 年第 9 期，第 87 页。

2　彭浩：《中国最早的数学著作〈算数书〉》，《文物》，2000 年第 9 期，第 90 页。

发表《江陵张家山汉简〈算数书〉释文》一文（《文物》2000 年第 9 期）。湖北省荆州博物馆彭浩发表《中国最早的数学著作〈算数书〉》一文（《文物》2000年第 9 期）。2001 年，彭浩出版《张家山汉简〈算数书〉注释》（科学出版社，2001 年）。这些研究成果引起了国内外专家学者的广泛关注，此后相关研究不断丰富。

《算数书》是一部数学问题集，采用"题—答—术"的编纂体例，即算题由题文、答案、术构成，共有 70 个题名，主要内容为算术和几何，算术内容包括整数、分数、比例、盈不足，几何内容包括体积和面积。整数的内容不全面，只介绍了整数的十进制；分数的内容较全面，有分数的性质及运算法则——通分、约分、分数的扩大和缩小及四则运算；比例内容约占《算数书》的一半，有正比例、反比例、分配比例、复比例（两个或更多的前项乘积与后项乘积之比）；盈不足，《算数书》有此类问题三个，即"分钱""米出钱""方田"，同时提出了盈不足、两盈两不足问题的解法。典型的盈不足问题如"分钱"："分钱人二而多三，人三而少二，问几何人钱几何。得曰：五人，钱十三。"[1] 西汉时期，人们把《算数书》当作陪葬品，这从另一个侧面说明当时数学受到人们的重视。

（二）伏羲女娲图中的规和矩

1. 山东武梁祠画像石

在中国传统文化里，祠堂是族人祭祀祖先或先贤的场所。在中国儒家伦理中，家族观念相当深入人心，往往一个村落就生活着同一姓氏的一个家族或者几个家族，都会建立自己的家庙祭祀祖先。武梁祠位于山东省济宁市嘉祥县纸坊镇，是东汉晚期一座著名的家族祠堂，其内部装饰了大量完整精美的古代画像石。其中，

1　彭浩：《中国最早的数学著作〈算数书〉》，《文物》，2000 年第 9 期，第 88 页。

图 8-2　伏羲女娲图　　　图 8-3　伏羲女娲图

就有手持规和矩的伏羲女娲图（如图 8-2、图 8-3）[1]。在中国古代神话中，伏羲女娲创造了宇宙。在这两幅图中伏羲持矩、女娲持规，伏羲女娲蛇身缠绕在一起，他们创造宇宙的工具之一就是规和矩。而规和矩是数学的重要工具之一，也是数学文化的一种象征。另一方面，规、矩的出现说明中国古代数学文化历史的悠久性。

2. 新疆吐鲁番古墓群

如前所述，在新疆吐鲁番县阿斯塔那古墓群出土壁画的伏羲女娲图中，伏羲和女娲分别手持圆规和矩，更形象地表达了数学文化的神圣。[2]

下面是三幅不同的伏羲女娲图，这是 20 世纪初日本大谷探险队在中国新疆吐鲁番古墓盗掘的壁画（如图 8-4[3]）。在这三幅图中，伏羲女娲的造型不尽相同，而且手持的规和矩也各不相同。

山东武梁祠的画像石和新疆吐鲁番的墓室壁画中，创世之神伏羲和女娲手持规和矩，凸显了规和矩的作用，说明古人认为规和矩是生产实践中的基本工具。规矩是校正方圆之工具，也是法度和准则。如《礼记·经解》中说："规矩诚设矣，则

1　〔美〕巫鸿著：《武梁祠——中国古代画像艺术的思想性》，柳扬、岑河译，三联书店，2015 年，第 264–265 页。

2　代钦：《可视的数学文化史（一）》，《数学通报》，2016 年第 2 期，第 1–6 页。

3　〔日〕香川默识著：《中国文化史迹·西域考古图谱》，浙江人民美术出版社，2018 年，第 56–57 页。

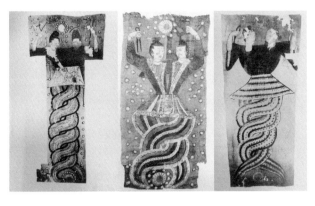

图 8-4　高昌国坟墓内神像图（喀喇和卓）　　　　　　图 8-5　《判断》

不可欺以方圆。"《史记·礼书》中也说："人道经纬万端，规矩无所不贯。"这也说明，自古以来"规"与"矩"在中国人的社会生活中的重要性。

矩和规不仅在中国文化中具有崇高的地位，而且在西方文化中也具有重要的地位。在西方文化中，规和矩表达对正义和邪恶的判断。1593 年，意大利艺术家切萨雷·里帕（Cesare Ripa）出版艺术名著《图像手册》，其中有《判断》（如图 8-5）。[1]作者释文如下：

> 一个裸体男人正试图坐到彩虹上，他手上拿着直角尺、直尺、圆规和钟摆锤。
>
> 工具表示推理（Discourse）和选择（Choice），机智之人应该理解方法并能对任何事物做出判断。如果仅以一种方法来权衡一切事物，判断必然不会是正确的。彩虹表示多种经验启发人们如何做出判断，正如彩虹由不同色彩组成，太阳光使各种色彩彼此相邻。

判断是辨别是非的思维过程，也是一种重要的思维工具。里帕的《判断》将抽

1　〔意〕切萨雷·里帕著：《里帕图像手册》，〔英〕P. 坦皮斯特英译，李骁中译，陈平校译，北京大学出版社，2019 年，第 78 页。

象判断的思维过程和手段进行拟人化，并把规和矩作为判断的工具。

二、古埃及与罗马墓葬中的数学文化

（一）古埃及墓室中的记数法

古埃及文明留下了数不清的谜团，激起人们无限的想象。正如戴尔·布朗描述的那样："在晨雾的笼罩下，吉萨大金字塔向现代人展示着它永恒的轮廓。法国作家西奥菲尔·高蒂在他的书中写道：'它们与没落的帝国同龄。目睹过我们永远也无法知道的文明。它们懂得我们正在努力通过象形文字猜出的语言。还知道那些对于我们来说如同梦境一样的习俗。它们在那里待了如此长的时间。以至于连天上的星斗都换了位置。'"[1]古埃及的数学文明也是如此，数学在古埃及社会里有重要地位，埃及人崇尚数学，形成了独特的数学文化。

古埃及人在死的时候要把他们认为将在来生使用的一切物品带进棺材，甚至包括整顿的饭食。[2]他们不仅将与数学文化有关的陪葬品带进墓室，还在墓室壁画创作中留下了丰富的数学文化内容。

古埃及的数学是十分发达的，从金字塔就可见一斑，其整个结构的设计、建造过程都离不开数学。在公元前 3000 年前的陵墓 Uj 中的陶器、骨头和象牙上有数学内容。陵墓 Uj 位于古埃及南部尼罗河左岸的城市阿比多斯。这些数量用埃及后期计数制常用的基本方法和表格表示，即十进制计数，但不是位值制的（如图 8-6）。

---

1 〔美〕戴尔·布朗主编：《埃及——法老的领地》，池俊常译，广西人民出版社，2002 年，扉页。

2 〔美〕戴尔·布朗主编：《埃及——法老的领地》，池俊常译，广西人民出版社，2002 年，第 4 页。

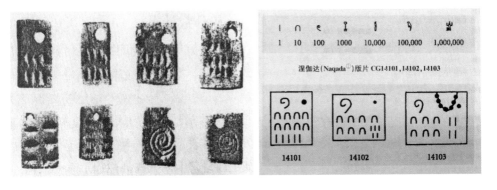

图 8-6　在陵墓 Uj 中发现的刻于标签上的数字表示法 图 8-7　古埃及记数体系

在这个计数法中，10 的每个幂到 100 万都用不同的符号表示。为了写出任意一个数，各个符号都可在需要时以对称形式并列使用。[1] 公元前 4000 纪末期，古埃及有一种十进制记数体系，它没有位置记号，也就是说 10 的每次幂都有一种新的符号（如图 8-7）。[2]

　　古埃及墓室中除有与数学有关的陪葬品外，还有与数学文化有关的壁画装饰。如古埃及底比斯古墓壁画（约前 1415 年）上所绘"司绳"（ropestretcher），司绳就是负责测量事务的专职人员（如图 8-8）。[3]

（二）罗马陵墓中的"七艺"

　　"七艺"是欧洲中世纪的学科分类方法，包括文法、修辞、逻辑学、算术、几何、天文和音乐，是在毕达哥拉斯学派的"四艺"基础上提出的学科分类。

　　15 世纪，教皇西克斯图斯四世（SixtusIV，1414 ～ 1484 年，1471 ～ 1484

1　Annette Imhausen：《古埃及数学：新视角下的古老资料》，刘余、王青建译，《数学译林》，2007 年第 4 期，第 343 页。

2　〔美〕维克多·J. 卡兹著：《东方数学选粹：埃及、美索不达米亚、中国、印度与伊斯兰》，纪志刚、郭园园等译，上海交通大学出版社，2016 年，第 10 页。

3　李文林主编：《文明之光——图说数学史》，山东教育出版社，2005 年，第 8 页。

图 8-8　古埃及司绳

图 8-9　《西克斯图斯四世之墓》（波拉约洛，约 1493 年，圣彼得大教堂）

图 8-10　《西克斯图斯四世之墓》局部图

年担任教皇）邀请意大利艺术家安东尼奥·波拉约洛（Antonio Pollaiuolo，1431～1498 年）为自己准备的墓室进行装饰、制作雕塑。安东尼奥在其弟弟小安东尼奥的帮助下，用 9 年时间（1484～1493 年），完成了墓室装修工作。教皇在长方形的台上安详地平躺着，台的四周雕塑了代表"七艺"中各个学科的人物，他们各自进行工作，作品惟妙惟肖，非常逼真。（如图 8-9、图 8-10）。这表明了当时上层社会的人们崇尚科学、追求智慧的时代潮流。

在人类的生活中，数学文化无处不在，与人类的习俗、法律、科学、经济、军事和文学等领域有着千丝万缕的联系。因此，要从不同领域发现数学文化的因素，挖掘其深层含义，并在相关的领域中发挥其应有的功能。在本篇中所参考的文献有些是人们熟悉的常用文献，有些是新发现的文献，例如切萨雷·里帕的《图像手册》。其中的《判断》，可以作为中国文化中"规矩"的印证材料。

三、墓碑上的数学文化

墓碑立在坟墓前面或背面，其上刻载死者姓名、经历事迹等文字。由于亡者的生平经历、兴趣志向等千差万别，所以其墓碑上的文字、图案等各不相同。在历史上，一些数学家的墓碑上的文字和图案等，给后人留下了无限遐想的空间，可以从中窥见丰富多彩的数学文化。

丢番图（Diophantus of Alexandria，生卒年不详）是希腊亚历山大后期的重要学者和数学家，主要活动在 250 年至 275 年。他的研究完全脱离了几何形式，对算术理论有深入的思考，以代数学闻名于世，是代数学的创始人之一。500 年前后的一则《希腊诗文选》（*The Greek Anthology*）的墓志铭道出了他的经历：

> 过路人！这儿埋着丢番图的骨灰。下面的数目可以告诉你，他一生究竟有多久。
>
> 他生命的六分之一是幸福的童年。再活了十二分之一，唇上长起了细细的胡须。
>
> 丢番图结了婚，可是还不曾生孩子，这样又度过了一生的七分之一。
>
> 再过五年，他得了头胎儿子，感到很幸福。可是命运给这孩子在世界上的光辉灿烂的生命只有他父亲的一半。
>
> 打从儿子死了以后，这老头在深深的悲痛中活上四年，也结束了尘世生涯。

请你讲，丢番图活到几岁，才和死神相见？[1]

解：设丢番图 x 岁。

（1）$\frac{1}{6}x+\frac{1}{12}x+\frac{1}{7}x+5+\frac{1}{2}x+4=x$

$\frac{25}{28}x+9=x$

$\frac{-3}{28}x=-9$

$x=84$

（2）$84\times\left(\frac{1}{6}+\frac{1}{12}+\frac{1}{7}\right)+5=38$（岁）

（3）$84-4=80$（岁）

答：丢番图的寿命为 84 岁，丢番图当爸爸时 38 岁，儿子死时丢番图 80 岁。

墓葬中的数学文化也是人类宝贵的文化遗产，正因为如此，数学文化才得以延续，得以历经千百年而为世人所见和所用。个体的生命终将停止，人类文化不会消亡，数学定然延续。

1　吴汝华、洪漫编著：《生死对话录——世界名人墓志铭》，求实出版社，1989 年版，第 76 页。

第九篇

艺术中的数学工具

　　人们常说，数学的学习和研究有一张纸和一支笔就可以了，实际上，除纸和笔以外，数学研究还需要很多其他工具。在历史上一个时期数学工具种类的多少、精密的程度，也能够反映这一时期数学发展的水平。一些数学工具便于操作，而另一些数学工具操作起来较为复杂。在不同文明之间的数学交流中，人们互相取长补短，最终选择了一些便于操作的工具，同时也发明了一些像计算机这样的现代数学工具。就古代计算工具而言，中国的算筹、算盘不仅在自己数学文化的发展中起到了重要作用，也对朝鲜和日本的数学文化的发展产生了积极影响。又如欧洲传统计算工具也在自己文化的发展中扮演了重要角色，但是后来又被笔算工具代替进而退出了历史舞台。

　　历史上一个时期数学工具的多样性，能够反映数学研究内容的丰富性和研究领域的广阔性，同时也能反映数学发展的水平和数学家对未来的追求目标。17 世纪，西方已经至少有 20 种数学工具（如图 9-1[1]）。在某些特定场合数学工具就是数学

---

1 〔日〕大矢真一著：《初等数学图说》，东京：岩崎书店,1962 年，插图，第 2 页。

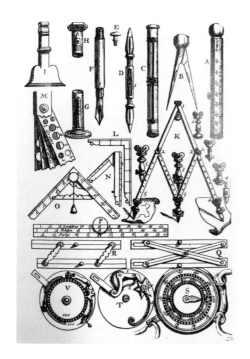

图 9-1　17 世纪的数学工具

图 9-2　《建筑工具》〔维吉尔·索利斯绘〕

的象征，如在西方艺术作品中，在场景中会放置若干数学著作、圆规或模型。

　　在医生和数学家沃尔特·赫曼·赖芙（Walther Hermann Ryff，约 1500 ～ 1548 年）用拉丁语翻译出版的维特鲁威的《建筑十书》（1543 年）的插图，展示了中世纪到文艺复兴时期的部分建筑工具，图中强调了这是"圆、圆规和所有艺术教学所需的几何工具"[1]（如图 9-2）。沃尔特·赖芙试图将建筑理论提高到科学理论水平，就像数学理论那样，因此他把建筑和数学方法结合起来考虑，所选择的插图也体现了他的这种思想。所以，《建筑工具》一图中展现的多数为数学工具。

　　数学工具经历了极为复杂漫长的发展过程。对此，艺术家们以视觉形式表现了

1　〔德〕伯恩德·艾弗森著：《建筑理论——从文艺复兴至今》，唐韵等译，北京美术摄影出版社，2018 年，第 486 页。

数学工具的发展过程，创作了许多与数学工具有关的绘画、雕塑等艺术作品。

一、阿拉伯人的数学工具

阿拉伯人有悠久的历史文化，为人类文明的发展做出了杰出贡献。阿拉伯人自己定义为："凡是生活在我们的国土上，说我们的语言，受过我们文化熏陶，并以我们的光荣而自豪者是我们中的一员。"西方学者吉布（Gibb）界定为："那些把默罕默德传教的使命和阿拉伯王国的功绩看作历史的中心，并把阿拉伯语言和它的文化遗产看成是他们的共同的财产的人，都是阿拉伯人。"欧洲人普遍认为："阿拉伯人就是一个民族，包括那些在一定境界内说阿拉伯语并以阿拉伯历史光荣而自豪的人。"[1] 从上述三个定义，可以大致地了解阿拉伯人的概念。他们主要生活在尼罗河、底格里斯河和幼发拉底河流域，创造了自己的数学文化，同时也为古希腊数学文化的传承起到了桥梁作用。

（一）古埃及计算师

提到古埃及人们自然地想到象形文字和金字塔，数学方面可联想到公元前1700年前莱茵德纸草书和莫斯科纸草书，还有独特的分数计算方法，等等。金字塔的建造和数学计算需要大量的计算师，考古发现已经证明了这一点。如古埃及艺术家于公元前2040～前1785年间雕塑的计算师的铜像传递了丰富的历史信息，那就是古埃及人最晚3700年前就使用算板，并进行他们的"笔算"（如图9-3[2]）。

---

1 〔美〕伯纳德·刘易斯著：《历史上的阿拉伯人》，马肇椿、马贤译，华文出版社，2015年，第2、8页。

2 Д.Лувсондорж，Х.Цэдэв，Б.ОЮун–Эрдэнэ. Математик соёмбо нэвтэрхий толь，2012，p.23.

图 9-3　古埃及计算师　　　　　　　　图 9-4　《哲学珍宝》插图

（二）印度—阿拉伯数字在欧洲的传播

13 世纪印度—阿拉伯数字在欧洲的传播中，有三位数学家起到关键作用。他们分别是法国数学家德·维勒迪（Fransois Alexandre de Villedieu，约生活于 1225 年前后）、英国经院神学家约翰（约 1200～1256 年，又称萨克罗博斯科），第三位是比萨的莱昂纳多（Filius Bonacci，约 1170～1250 年），其更为人知的名字为斐波那契。当时法国数学家德·维勒迪的著作《算法歌》在推广算术方面扮演了重要角色。《算法歌》是一首拉丁诗，诗中完整地描述了整数的基本运算，使用了印度—阿拉伯数字，并把 0 当作一个数字来处理。萨克罗博斯科的《普通计算》介绍了计算知识的著作。斐波那契的著作《算盘书》对介绍印度—阿拉伯数字起到了极其重要的作用，该书首先使用了分数的横杠。印度—阿拉伯数字的计算方法在西方的传播并不是一帆风顺，而是经过与西方传统计算方法的激烈抗衡。格雷戈尔·赖施《哲学珍宝》的一幅插图中，算术女神正在指导印度—阿拉伯数字的演算者和西方算盘的使用者（如图 9-4[1]）。

1　〔英〕乔尔·利维著：《奇妙数学史：从早期的数字概念到混沌理论》，崔涵、丁亚琼译，人民邮电出版社，2016　年版，第 111 页。

Genis Guedj《数字王国》中的描述展现了当时的情况：

公元773年，一位印度大使带着珍宝——数目字与算法的知识——来到巴格达。创立该城的回教领袖哈里发雅曼殊（al-mansour）与宫中的阿拉伯学者马上就看出这个礼物是无价之宝。

代表此项新知识的第一本阿拉伯文著作，是数学家花拉子米（muhammand ibn Musa al-Khuwarizmi）的《根据印度算数为基础的加法与减法》。此书完成于第九世纪的前数十年，是一本特别的著作。借由此著作，印度算数才被传到西方基督教世界。而这本著作从12世纪开始，被多次译成拉丁文，称为"阿拉伯数字演算法"。……在中古世纪的西方基督教世界，计算方法是用珠串表，也称为计算板，这是一种计算器具。一张桌子上有栏位或画了许多横线，用筹码或石头代表单一数字。在《四则算法之歌》中，把首次出现在西方的"零"视为一个数目字。珠串学派的劳恩（Raoul de Laon）想到，在空白的栏位内放入一个筹码（sipos）。这个筹码很快就被"0"的符号取代，使计算板的栏位变得一无用处。12世纪起，这类计算板就渐渐被沙板取代，成为计算的工具。[1]

二、西方艺术中的数学工具

（一）荷尔拜因绘画作品中的数学工具

荷兰著名画家小汉斯·荷尔拜因（Hans Holbein，约1497～1543年）现实主

---

1 〔法〕Denis Guedj 著：《数字王国——世界共通的语言》，雷淑芬译，上海教育出版社，2004年，第51—53页。

图 9-5 　《使节》（小汉斯·荷尔拜因绘，1533 年，英国国家博物馆藏）

义杰作《使节》，是受画中左边的让·德·丁特维尔所委托创作的（如图9-5）。让·德·丁特维尔是于 1533 年被派往英王亨利八世宫廷的法国年轻使节。当时，正值欧洲政治和宗教危机的时刻，在此期间让·德·丁特维尔与朋友拉沃尔主教治·德·赛尔夫被画在一起。[1] 他们此行的目的之一是促成天主教会与路德教会达成协议，但是没有成功，画中的琉特琴是最好的见证。琉特琴本是和谐的象征，但是画中的琉特琴却斜放在两人之间的桌子下面，琴弦也断了，旁边还有一本打开的路德教圣歌书。在画中的桌子上摆放着一些科学仪器和数学工具，传递着大量的与科学有关的信息。这些东西都在强调文艺复兴时期的重要主题：不仅有知识、商业和领土方面的新发现，还有欧洲强国之间为了争夺领土和财富而发生的纠纷。这些科学仪器还反映了当时人们对天空、时间、地理和航海的高涨热情。《使节》反映了财富、文化和权力的结合，三者都是文艺复兴的关键因素。[2]

1　英国 DK 公司编著：《伟大的绘画——图解世界名画》，李澍译，北京美术摄影出版社，2014 年，第 67 页。

2　〔美〕丹尼斯·舍曼、A. 汤姆·格伦费尔德等著：《世界文明史》，李义天、黄慧、阮淑俊、王娜译，中国人民大学出版社，2012 年，第 242 页。

图 9-6　测量仪器

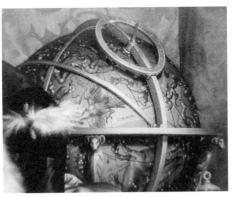

图 9-7　星象仪

图 9-8　地球仪

图 9-9　数学书籍与丁字尺

　　我们用局部图展示《使节》中涉及的科学仪器。图 9-6 中有一个测量时间的日晷、一个测定星辰位置的航海仪器。因为他们生活在一个大发现的时代，科学仪器的发展和进步使得环球航行成为可能。星象仪是天文学家用来寻找和标记星辰、月亮和行星的位置的。星星以金黄色作为强调，星座的图案则以背景插图描绘出来（如图 9-7）。转动地球仪被固定在一个位置，向我们显示那些对丁特维尔来说十分重要的地点（如图 9-8）。数学书籍是于 1527 年出版的德文版的书，夹着一把折尺，

图 9-10 《天文学家和数学家尼古劳斯·克拉策肖像》(小汉斯·荷尔拜因绘，1528 年)

这表明这两位人物都富有智识（如图 9-9）。[1] 在《使节》中还有乐器、头盖骨的投影等其他物品，这充分说明画中人物博学多才。

小汉斯·荷尔拜因的其他作品也凸显出浓厚的科学文化气息，在《天文学家和数学家尼古劳斯·克拉策肖像》中，这位数学家专注、冷淡的表情，后来成为科学家超脱于世的刻板印象（如图 9-10）。[2] 这里数学工具和各种精密仪器的展示以及数学家沉思的神情，预示着一个新的时代的来临。

（二）其他西方艺术中的数学工具

《算术》是创作于 1520 年的挂毯，现在收藏于巴黎博物馆（如图 9-11[3]）。在这幅作品中间的桌子上面放置着一套计算工具，一位贵族夫人正在进行计算教学。[4]16 世纪时，数字的使用及算术运算都是高深的学问，只要熟练掌握乘除法就能确保一个人的未来职业。因为当时使用印度—阿拉伯数字的笔算数学在西方尚未普及，他们所使用的还是欧洲传统的计算工具。

在 16 世纪佛兰德式油画《测量者》中展示了各种数学工具，图中场景与所谓的"算术学校"里讲授应用数学的意大利传统做法相似（如图 9-12[5]）。

1 英国 DK 公司编著：《伟大的绘画——图解世界名画》，李澍译，北京美术摄影出版社，2014 年，第 68—69 页。

2 〔意〕斯特凡诺·祖菲著：《图解欧洲艺术史：16 世纪》，姜奕晖译，北京联合出版公司，2017 年，第 26 页。

3 Karl Menninger, *Number Words and Number Symbols*, New York：Dover Publications，INC.1969，P.365.

4 〔美〕David Bergamini 著：《数的世界》，〔日〕薮内清译，东京：ライフ / 人間と科学シリーズ，1972 年，第 78 页。

5 〔美〕理查德·曼凯维奇著：《数学的故事》，冯速等译，海南出版社，2014 年，扉页，第 6 页。

图 9-11 《算术》（1520 年）

图 9-12 　《测量者》

三、东亚艺术中的数学工具

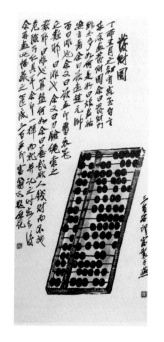

图 9-13 　《发财图》（齐白石绘，1927 年）

中国的传统绘画在世界艺术中占有重要的地位，具有自己的独特风格。它主要以人物、山水和花鸟为题材，主张以形写神、形神兼备，做到"意存笔先，画尽意在"。和西方绘画相比，中国传统绘画较少涉及科学技术题材。尽管如此，中国和日本的一些绘画作品中也会涉及数学工具。

（一）齐白石《发财图》

齐白石（1864～1957 年），湖南湘潭人。早年曾为木工，后以卖画为生。曾任中央美术学院名誉教授、中国美术家协会主席、北京中国画院名誉院长。齐白石作有《发财图》，画中有一把算盘，附有题款，收藏于北京画院（如图 9-13）。

题款写道：

> 丁卯五月之初有客至，自言求余画发财图。余曰：发财门路太多，如何是好？曰：烦君姑妄言著。余曰：欲画赵元帅否？曰：非也。余又曰：欲画印玺衣冠之类耶？曰：非也。余又曰：刀枪绳索之类耶？曰：非也，算盘如何？余曰：善哉。欲人钱财而不施危险，乃仁具耳。余即一挥而就并记之。时客去后，余再画此幅藏之箧底。三百石印富翁又题原记也。

这幅画寓意深刻，用算盘代表发财之路，充分体现了算盘的计算功能及其在生活中的用途。同时，说明人们对数学的认识，认为数学是一种实用的科学。

（二）古元《减租会》

20 世纪 20 年代中期，在鲁迅的倡导下木刻版画运动在中国掀起，很快成为大众艺术并发展成为左翼宣传的重要工具。木刻版画艺术采用古老的中国材料，受到苏联现实艺术家和德国现代艺术家的影响。左翼艺术家们的木刻版画具有显著的中国特色。古元（1919 ～ 1996 年）的《减租会》描绘了农民与地主进行说理斗争，要求地主减租减息，是一幅宣传中国共产党在抗日战争时期实行的减租减息政策的木刻作品（如图 9-14[1]）。在桌面上有一个算盘，居于中心地位，表明算盘的重要作用。

（三）满族生活中的算盘

满族具有悠久的历史，其日常生活中也能反映数学文化。1771 年，萨满常青编撰的《祭祀全书巫人诵念全录》，记录了满族舒舒觉罗哈拉萨满祭祀仪式过程、仪节、服饰、祭器、唱词和使用的乐器等。图中，算盘放置在两个人之间，旁边有本打开的书，说明算盘是满族人的日常用具（如图 9-15[2]）。

---

1 〔英〕迈克尔·苏立文著：《东西方艺术的交会》，赵潇译，上海人民出版社，2014 年，第 202 页。
2 刘桂腾著：《鼓语：中国萨满乐器图释》，上海音乐出版社，2018 年，第 45 页。

图 9-14 　《减租会》（古元木刻，1943 年） 　　　图 9-15 　《祭祀全书 　图 9-16 　珠算

巫人诵念全录》书影 　（奥村政信绘，

1729 年）

（四）奥村政信的版画

　　奥村政信（1686 ～ 1764 年），日本江户时代浮世绘画家，江户人（今东京人）。有独创才能，他将日本的手绘涂色的丹绘发展到了漆绘和红摺绘。[1] 初受鸟居清信画风影响，后成为奥村派的始祖。是日本彩色版画和透视法浮世绘的首创者，善于表现世俗的社会风貌题材。算盘是日本江户时代社会生活中的重要工具，在奥村政信的版画作品中有不少展示平民使用算盘的题材。在一幅画中，一位男士给一位女士演示算盘计算（如图 9-16[2]）。

（五）葛饰北斋的浮世绘

　　葛饰北斋（1760 ～ 1849 年），日本江户时代浮世绘三大家之一，江户人。其代表作《巨浪》使葛饰北斋名列全球最受欢迎的艺术家之一。

1　〔日〕辻惟雄著：《图说日本美术史》，蔡敦达、邬利明译，三联书店，2016 年，第 280 页。

2　Steffi　Schmidt,*Katalog der chinesischen und japanischen Holzchenitte*,Berlin:Bruno Hessling Verlag, 1971,p.23.

图 9-17 《年终盘账图》（葛饰北斋绘，约 1824 ~ 1826 年）

葛饰北斋的画作中也有反映数学计算的内容，如年终算账、土地测量等内容，在艺术界也有很大影响。在《年终盘账图》中，一名商人坐在火盆旁，一边趴卧着家猫。商人的妻子身旁放着针线盒，跪坐在一旁烹煮着热茶（如图 9-17）。夫妇俩满意地看着他们的经理低头拨着算盘，核对账册——日期写着一八二四年农历正月——这说明正是年尾算账时节。在房子主人的背后，放置着一道双屏折叠屏风，身后是木纹饰面的移动橱柜，橱柜上方悬挂着中国山水画。左上方悬挂着靛蓝色图案的门帘，暗指此处通往隔壁房间。艺术家在画面中布局了诸多复杂的元素，它们又各自带着显示立体效果的阴影。这些元素被巧妙地组合起来，充满细节的趣味。[1]

《地方测量之图》落款为"应需龄八十九岁，卍老人笔"。这幅版画描绘了武士官员们在海岸沿线勘测陆地的场景（如图 9-18）。有些人用标尺测量，有些则使用大型和小型的经纬仪。通过落款，我们得知北斋创作这件作品时已 89 岁，而题字的则是"长谷川善左卫门弘门人"梅村德兵卫重吉，落款日期为"嘉勇元年三月"（一八四八年农历三月）。这是目前已知属于北斋的题有明确纪年的最后一张单张

---

1 〔英〕提摩西·克拉克著：《葛饰北斋：超越巨浪》，李凝译，华中科技大学出版社，2018 年，第 86 页。

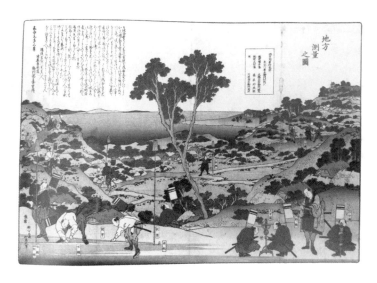

图 9-18 《地方
测量之图》（葛饰
北斋绘，1848 年）

版画作品。图中题字是为了颂扬长谷川善左卫门弘二代（1810～1887 年）和他的
养父——已故的著名数学家长谷川善左卫门弘一代（1782～1839 年）所获得成就。
题词还为初学者们提供了关于测量的基础说明。题字还表明了，这件版画作品也是
为了庆祝三位来自不同地区的长谷川善左卫门弘二代的门人获得了测量师的资格。
《地方测量之图》的主要位置上出现的测量仪和瞄准器等说明，在明治维新（1868
年）之前西方的科学技术已经大量传入日本并广泛使用。除此之外，一张绘有类似
测量题材的印刷包装纸也被存留至今，题为《领地之图》。[1]

（六）日本"和算与算盘"展览

算盘是中国人的伟大发明之一，自明代至现代计算机被普遍使用之前，中国人
普遍使用算盘，因此珠算曾经是中国数学教育的重要内容。算盘不仅在中国人的日
常生活中发挥了重要作用，也对日本和朝鲜产生了深刻影响。山口正收藏的《和算

---

1 〔英〕提摩西·克拉克著：《葛饰北斋：超越巨浪》，李凝译，华中科技大学出版社，2018 年，第 153 页。

与算盘——江户时代庶民息息相关的算盘》，收集了 61 幅作品，有些是独立作品，有些是数学书的插图，多数为彩绘。每幅作品中，算盘都在显著的位置上。其中一幅《今样柳语志》，画中有今夫人、权妻和商家的细君三人（如图 9-19[1]）。今夫人扮演管理家务的角色，权妻正在梳头发，细君正在算账，她的前面放置着算账方法的书。

图 9-19 《今样柳语志》

　　数学工具是数学应用和研究中不可或缺的东西，在艺术作品中数学工具如圆规、算盘等往往象征数学文化。在艺术作品中，数学工具体现了两个功能：其一是象征功能，用数学工具来象征个人的丰富学识，如小汉斯·荷尔拜因的《使节》中的数学工具就代表了两位使者的丰富学识和绅士身份。其二是实用功能，如《测量者》《地方测量之图》中的数学工具体现了数学的实用功能。

1　近江商人博物馆：《和算与算盘——江户时代庶民息息相关的算盘》，滋贺县：宫川印刷株式会社，2000 年，第 3 页。

10

中国彩陶中的数学文化

一、中国的彩陶

彩陶是人类文明的智慧结晶，它是把艺术表现、技术工艺和几何思维融为一体的产物。彩陶的发展史也是人类文明的演变史。"先史时期后半段的彩陶文化，乃是石器文化与殷周铜器文化之间两时代的过渡媒介；陶器对我们人类最伟大的贡献之一，就是促使我们在文化的阶上，迈进了这一大步！"[1]又如，英国著名考古学家戈登·柴尔德（Vere Gordon Childe，1892～1957年）曾评价陶器："这种新的工业，对于人类思想和科学的肇始具有很大的意义。"[2]因为在史前时期，先民的每一幅图案、每一种器物造型的设计都是新的创造。

彩陶是最早将图案与器物造型完美结合的原始艺术作品。彩陶就是彩色陶器，利用赤铁矿和氧化锰作为颜料，使用类似毛笔的工具，在陶坯表面上彩绘各种图案，入窑经900℃～1050℃火烧后，在橙红的底色上，呈现出黑、红、白等颜色的图案。自1912年在河南渑池县仰韶村新石器时代文化遗址中发现彩陶后，甘肃、青海、陕西、宁夏、河南、河北、山西、山东、江苏、四川、湖北等省区均陆续出土，它

1　索予明著：《漆园外撷——故宫文物杂谈》，台北：故宫博物院，2000年，第494页。

2　〔英〕戈登·柴尔德著：《人类创造了自身》，安家瑗、余敬东译，上海三联书店，2012年，第70页。

们分别属于不同的文化类型。[1] 彩陶的器型常见的有杯、钵、碗、盆、罐、瓮、盂、瓶、釜、鼎、器盖和器座等。彩陶的图案纹样的题材包括自然崇拜、图腾崇拜、祖先崇拜等丰富的内涵。

距今 8000 年前后，中国彩陶产生。最早的大地湾文化彩陶约公元前 6170 年～前 5370 年，仰韶文化彩陶约公元前 4800～前 4300 年，庙底沟类型彩陶约公元前 3900 年前后，马家窑文化彩陶约公元前 2650～前 2350 年，之后半山类型彩陶进入鼎盛时期，之后约公元前 1800 年～前 1500 年齐家文化彩陶出现，随之四坝文化彩陶出现，约公元前 1000 多年前辛店文化彩陶出现。

彩陶文化蕴含丰富的内容，包括艺术、技术工艺、符号、宗教信仰、图腾崇拜、几何直觉思维等，这里我们只讨论与数学文化有关的几何图案、几何直觉思维等内容。

二、彩陶几何图案的分类

关于何谓图案的问题有多种不同说法，这里采用了以下定义：图案，在普通用法中——例如，在一块布料的图案——表示回还往复的线条与色彩的分布。图案也指某一参照框架（如画框）中所隐含的规则尺度。[2]

彩陶图案有大量的几何形纹饰，这是史前时期的先民把自身体验到的自然现象和自己的情感用抽象的方式表达出来的结果，是神奇的原始创造。这里既有对具体事物的抽象，也有几何的抽象，是将几何思维、艺术表现和精神满足相融合的过程。

数学是研究客观世界的空间形式和数量关系的科学。几何学研究的对象就是空间形式，更具体地说就是点、线、面和体。点、线、面、体可以称为形状，形状是

---

1 《中国大百科全书·美术》，中国大百科全书出版社，1990 年，第 1114 页。

2 〔英〕H. 里德著：《艺术的真谛》，王柯平译，辽宁人民出版社，1987 年，第 16 页。

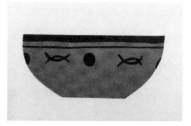

图 10-1　点纹鹰形壶　　　图 10-2　四大圈旋纹壶　　　图 10-3　碗（仰韶文化）
（四坝文化）　　　　　　（半山类型）

重要的形式元素，形状美是形式美的重要内容。彩陶上的几何图案以点、线和面等
形状，抽象地表现了某些自然现象或精神世界，反映了人类几何思维的产生。这种
几何思维具有直觉思维和抽象思维的成分，其中直觉思维占主导地位。彩陶图案表
现的直觉思维是指没有借助尺规作图工具而通过直觉经验画出几何图案，彩陶图案
的抽象思维是指并不是将自然现象和精神世界的具体现象实际地表现出来，而是进
行简化和抽象后用几何图案形式表现出来。如鱼的图案为轴对称的三角形和菱形或
中心对称的三角形和矩形，河流涡旋的图案为中心对称的图形等。

（一）以点为主题的图案

从审美角度看，点是美的，点可以装饰或美化环境。点的运动产生直线或曲
线。线条具有表现力，能唤起人们的美感。史前先民在绘制彩陶图案时，充分发挥
了点的这种审美功能。如一个三角形、菱形或圆形图案所占面积过大其内部显得空
洞时，就采取点缀的手法在图形的合适位置上绘制一个点或几个点（如图 10-1[1]、
图 10-2[2]、图 10-3[3]）。

1　张朋川主编：《甘肃彩陶大全》，台北：艺术家出版社，2000 年，第 240 页。

2　张朋川主编：《甘肃彩陶大全》，台北：艺术家出版社，2000 年，第 136 页。

3　张朋川著：《中国彩陶图谱》，文物出版社，2005 年，第 433 页，图 1615。

图 10-4　锯齿纹　图 10-5　内彩肢　图 10-6　涡　图 10-7　菱格十字　图 10-8　圆圈纹四
彩陶罐（马厂类型）爪纹豆（马厂类型）纹双耳四系彩　纹罐（半山类型）　鋬耳罐（马厂类型）
　　　　　　　　　　　　　　　　　陶罐（马家窑
　　　　　　　　　　　　　　　　　文化）

（二）以线为主题的图案

点运动后产生直线或曲线。从审美意义上看，直线使人产生力量、刚劲、坚毅
的感觉。如水平线表示宁静、平稳和坚实，垂直线表示指向天空，表示升腾、挺拔
和庄严。曲线表示优美、柔和，给人一种变化的动感，对人的视觉有一种奇妙的魅
力，使人感到一种节奏美和旋律美。彩陶上的线一般呈现为平行的直线或曲线（如
图 10-4[1]）。

彩陶图案上折线主要有万字形和三角形的折线，万字形一般表达人类的繁衍发
展和生生不息（如图 10-5[2]）。

（三）以直线形为主题的图案

直线形中三角形和四边形是最基本的几何图形，从学习数学的程序看，四边形
是最基本的图形，即学完正方形、矩形和平行四边形的面积之后，再教授三角形面
积。从数学研究的角度看，三角形是最基本的图形，个别国家数学教学程序为先教
授三角形面积，再教授四边形面积，如日本就采用这种教学方式。中国彩陶上直线

1　甘肃省博物馆编：《甘肃彩陶》，科学出版社，2008 年，第 115 页。

2　张朋川主编：《甘肃彩陶大全》，台北：艺术家出版社，2000 年，第 161 页。

形主要有三角形、菱形、正方形以及这些图形的组合。组合图形以不同颜色相间而成（如图 10-6[1]、图 10-7[2]）。很难判断中国古人先画四边形还是先画三角形，但是从直线形的数量看似乎四边形居多，三角形少一些。

（四）以圆为主题的图案

从数学美学角度看，圆是最完美的图形，数学教育家实验证明，如果让学前儿童画几何图形，那么儿童画圆和四边形的多，画三角形的少。史前时期的中国先民也是一样，画得最多的几何图案是圆和四边形，其次是三角形。彩陶的圆图案有单独的一个圆、三个圆或者四个圆的组合图案、同心圆的组合图案（如图 10-8[3]）。在考古学上，有四个圆图案的叫作四大圆圈纹。

三、彩陶图案的几何特点

对称在数学中具有重要意义，是数学美学的重要特征。自古以来，对称是人类文明发展史上追求的审美对象之一。无论在科学研究还是艺术创作中，都有追求对称的倾向。在史前时期的彩陶图案中呈现对称者居多，对称的图案有轴对称和中心对称两种。彩陶图案的对称并不是偶然现象，是先民追求对称的审美意识所决定的，对他们来说，对称在彩陶艺术创作中有着特殊意义。

1　中国国家博物馆编：《文物中国史 1：史前时代》，山西教育出版社，2003 年，第 130 页。

2　张朋川主编：《甘肃彩陶大全》，台北：艺术家出版社，2000 年，第 117 页。

3　张朋川主编：《甘肃彩陶大全》，台北：艺术家出版社，2000 年，第 194 页。

图 10-9　陶豆（大汶口文化）

图 10-10　舞蹈纹盆（马家窑文化）

图 10-11　肢爪纹双耳壶（马厂类型）

图 10-12　三角纹圆底钵（仰韶文化早期）

图 10-13　圆圈网纹壶（半山类型）

图 10-14　内彩星斗纹勺（马家窑文化）

（一）轴对称图案

彩陶图案中，轴对称图案最多，这可能是中国史前时期先民对对称美的最早发现和创造。例如，如图 10-9[1]，沿着图形中间作与水平面垂直的直线，就展现出轴对称图案。在轴对称图案中，蛙类、鱼类、人物的抽象表达图案较多（如图 10-10[2]、图 10-11[3]），还有一些抽象的几何图案。

1　朱勇年著：《中国西北彩陶》，上海古籍出版社，2007 年，第 248 页。

2　朱勇年著：《中国西北彩陶》，上海古籍出版社，2007 年，第 74 页。

3　张朋川主编：《甘肃彩陶大全》，台北：艺术家出版社，2000 年，第 163 页。

图 10-16　欧贝德文化三期的钟形碗（约前 5300 ~ 前 4700 年，出自埃尔·欧贝德，现存法国巴黎卢浮宫）

图 10-15　覆盖表面装饰图

（二）中心对称图案

除轴对称图案之外，中心对称图案也有很多。即在图形合适的位置取一线段，在线段上取中点就展现出中心对称图形。彩陶上的中心对称图案一般为鱼类、水流等自然事物或现象的几何抽象的表达（如图 10-12[1]、图 10-13[2]、图 10-14[3]）。

史前时期，人类的文化尚未出现很大差别，在中国以外的其他文化中出现的几何图案也具有中心对称特征（如图 10-15[4]、图 10-16[5]、图 10-17[6]）。

（三）完全对称图案

为了表述简单起见，这里将既轴对称又中心对称的图形叫作完全对称（如图 10-18[7]、图 10-19[8]）。

1　甘肃省博物馆编：《甘肃彩陶》，科学出版社，2008 年，第 22 页。

2　张朋川主编：《甘肃彩陶大全》，台北：艺术家出版社，2000 年，第 85 页。

3　张朋川主编：《甘肃彩陶大全》，台北：艺术家出版社，2000 年，第 65 页。

4　Claudia Zaslavsky,*Africa Counts:Number and Pattern in African Cultures(Third Edition)*，Chicago:Lawrence Hill Books,1999,p.196.

5　于殿利著：《人性的启蒙时代——古代美索不达米亚的艺术与思想》，故宫出版社，2016 年，第 108 页。

6　美国大都会艺术博物馆编著：《大都会艺术博物馆指南》，黄潇潇译，北京联合出版公司，2016 年，第 23 页。

7　张朋川主编：《甘肃彩陶大全》，台北：艺术家出版社，2000 年，第 176 页。

8　张朋川主编：《甘肃彩陶大全》，台北：艺术家出版社，2000 年，第 205 页。

图 10-17　北山羊图案彩
陶罐（伊朗铜石并用时代，
约前 3800～前 3700 年）

图 10-18　十字三角纹纺
轮（马厂类型）

图 10-19　变体神人纹单
耳杯（马厂类型）

图 10-20　四大圈万
字形纹壶（马厂类型）

图 10-21　内彩变体动物
纹豆（马家窑文化）

图 10-22　内彩三角豆
（马厂类型）

（四）旋转变换图案

彩陶图案中有许多旋转变换图形，旋转并不是随意地进行，旋转角一般为
120°、90° 等特殊角。如图 10-20[1] 万字形图案为 90° 旋转，图 10-21[2]、图 10-22[3] 为
120° 旋转。

1　张朋川主编：《甘肃彩陶大全》，台北：艺术家出版社，2000 年，第 154 页。

2　张朋川主编：《甘肃彩陶大全》，台北：艺术家出版社，2000 年，第 83 页。

3　张朋川主编：《甘肃彩陶大全》，台北：艺术家出版社，2000 年，第 189 页。

图 10-23　宽带纹三足圆底彩陶钵（大
地湾文化）

图 10-24　双钩纹单耳鬲
（辛店文化）

图 10-25　陶鬶（大汶口
文化）

四、彩陶的其他数学特征

（一）三足彩陶器皿

在古希腊毕达哥拉斯学派神秘数论中"三"表示稳定，在中国古代文化中"三"也有特殊的意义。如《老子》第四十二章中说："道生一，一生二，二生三，三生万物。"史前时期的中国先民在生活经验中直觉地认识了"三"的稳定性，制作陶材器皿时就利用了"三"的稳定性原理，即三个点确定一个平面（如图 10-23[1]、图 10-24[2]、图 10-25[3]）。同样，三足青铜器也更为普遍（如图 10-26[4]、图 10-27[5]）。

1　甘肃省博物馆编：《甘肃彩陶》，科学出版社，2008 年，第 7 页。

2　张朋川主编：《甘肃彩陶大全》，台北：艺术家出版社，2000 年，第 248 页。

3　庄申编著：《根源之美——中国艺术 3000 年》，中信出版社，2018 年，第 62 页。

4　庄申编著：《根源之美——中国艺术 3000 年》，中信出版社，2018 年，第 93 页。

5　庄申编著：《根源之美——中国艺术 3000 年》，中信出版社，2018 年，第 542 页。

图 10-26　圆鼎（商代后期）　图 10-27　三彩三足葵花盘（唐代）

图 10-28　叶形纹壶（半山文化）图 10-29　旋纹壶（马家窑文化）图 10-30　四大圈旋纹壶

（半山文化）

（二）彩陶的特殊比例关系

对陶罐、陶碗等彩陶的高度进行测量发现，不少彩陶呈现 1/2、1/3、2/3 等特殊比例关系。即 1/2 为陶罐形状或水平带状的上下部分进行平分，比例值 2/3 是黄金比例的近似值，1/3 是黄金比例的一种补充。这表明史前时期的先民直觉地按照自己的身体比例制作彩陶。这里有必要提出"直觉"，这是人类本能的一种超理性的创造（如图 10-28[1]、图 10-29[2]、图 10-30[3]）。

1　张朋川主编：《甘肃彩陶大全》，台北：艺术家出版社，2000 年，第 141 页。

2　张朋川主编：《甘肃彩陶大全》，台北：艺术家出版社，2000 年，第 64 页。

3　张朋川主编：《甘肃彩陶大全》，台北：艺术家出版社，2000 年，第 127 页。

彩陶是中国古代文化的瑰宝。彩陶中蕴含的不仅是艺术、几何学和制作技术，还包含着极其丰富深刻的精神和思想，艺术和几何学是表达抽象的精神和思想的方式，在表达的过程中又促进了艺术创作和几何思维的发展。因此，在本篇中只涉及几何图案的分类及其特征，这些彩陶几何图案以点、线和面的形式凸显了轴对称、中心对称、完全对称、特殊角的旋转变换以及不共线的三个点确定一个平面等共同特征。已有的数学史、数学文化方面的论著较少涉及彩陶几何图案等知识，中小学数学教学也如此。虽然这些知识看似简单，但实际上它们是几何知识的肇始，是人类几何知识最原始的创造。从人类思维发展和儿童思维发展的相似性看，在中小学数学教学中有效地融入彩陶几何图案的相关知识是完全可行的。例如，在小学数学的关于认识图形的教学中，可以展示三角形、四边形和圆等图案。在初中几何教学中，讲述不共线的三个点确定一个平面时，可以展示诸多三足的彩陶器皿；讲述对称概念时，可以展示彩陶的丰富的对称图案。又如，开展校本数学课程时，也可以将彩陶几何知识作为部分内容。在编写数学教科书时，也应该考虑上述问题。

第十一篇

蒙古族传统生活中的数学文化

      大约在 100 万年以前，数学观念便与人类和文化的起源同生共长，不断发展。数学与语言、音乐体系和民法法典一样是人的一种行为[1]，即文化行为。不同的民族因其地理环境和历史过程的不同而具有不同的数学文化特征。蒙古族传统生活中的数学文化表现在其建筑、服饰、绘画、天文历法、哲学宗教等方面。在历史上，蒙古族没有建立独立系统的数学命题，但他们在自己的生活实践中广泛地应用数学知识。在历史的发展过程中，他们在创造数学知识的同时，也从汉、藏等其他民族吸收数学知识，使之成为具有自己特色的文化的有机组成部分。

一、蒙古族传统生活中的黄金比例

    黄金比例在数学文化中具有悠久的历史，但是黄金比例或黄金分割这个概念的出现只有 100 多年的历史。公元前 5 世纪时，毕达哥拉斯学派就提出黄金分割的

---

1 〔美〕莱斯利·A.怀特著:《文化科学》，曹锦清等译，浙江人民出版社，1988 年，第 285、288 页。

数值并非是两个整数之比。在柏拉图首先将"分割"作为一门专门研究之后，欧多克斯（Eudoxus, 约前 408～前 355 年）通过比例中项发现比值 0.618。后来欧几里得在集古希腊数学之大成的《几何原本》中，首次对黄金比例进行定义：将一直线分成两段，当整个直线比较大线段等于较大线段比较小线段时，则称此直线是按照"中外比（中末比或外项与中项比）"分割的。继而到中世纪数学家斐波那契、文艺复兴时期天文学家开普勒、艺术家达·芬奇、数学家帕乔利等，甚至是生物学家、音乐家、历史学家、心理学家、建筑学者等都被黄金比例的特殊魅力所吸引，投入了大量的时间和精力研究其性质并进行应用。文艺复兴时期，帕乔利将比例中项现象称为"神圣比列"。而对于"黄金比例"这个术语的使用，是在 2000 余年的发展过程中，人们在自然、建筑，甚至在人的自身上发现很多地方都符合这个比例，因此称之为"黄金比例"。因为在人类自己的身体上有很多黄金比例现象，因此人类以自身比例结构为代表的东西总给人舒适、安全和美的感受。德国数学家欧姆（Martin Ohm, 1789～1854 年）首先使用了"黄金分割"这一术语。

在蒙古族的建筑、服饰、绘画艺术中，黄金比例也被普遍使用。

（一）蒙古包的黄金比例

蒙古包是蒙古族的传统建筑，也是蒙古文化的瑰宝之一。据文献记载，历史上曾出现过多种样式的蒙古包。蒙古包以哈那（蒙古包围墙支架）区分大小，有 4、6、8、10、12 个哈那的蒙古包。据《黑鞑事略》记载："穹庐有二样，燕京之制，用柳木为骨，正如高方罘罳，可以卷舒，前面开门，上如伞骨，顶开一窍，谓之天窗，皆以毡为衣，马上可载。草地之制，以柳木织成硬圈，迋有毡挞定，不可卷舒，车上载行。"[1] 还有一种是以车与蒙古包组合而成的大小各异的车包，大的车包套 22

---

1 《内蒙古大辞典》编委会：《内蒙古大辞典》，内蒙古人民出版社，1991 年，第 921 页。

图 11-1　大型车包　　　　　　　　　　　图 11-2　蒙古包

头牛才能行走[1]（如图 11-1[2]），小的车包套一头牛即可。

　　关于 13 世纪以前的蒙古包结构的数量关系，至今一无所知。但是 13 ～ 16 世纪的蒙古包结构的数量关系，古人留下了详细的记载。当时的蒙古包，一般其哈那的长 (高) 度为 180（a_1）～ 198（a_2）cm，椽子的长度为 288（b_1）～ 352（b_1）cm，天窗的直径为 212（c_1）～ 238（c_2）cm，柱子高度为 4.8（d_1）～ 5.2（d_2）cm，蒙古包底基的直径为 8.18（e）（如图 11-2）。[3] 以上 a_1 与 a_2、b_1 与 b_2、c_1 与 c_2、d_1 与 d_2 平均值分别为：

$$a=(a_1+a_2)/2=(180+198)/2=189\text{(cm)}$$

$$b=(b_1+b_2)/2=(288+352)/2=320\text{(cm)}$$

$$c=(c_1+c_2)/2=(212+238)/2=225\text{(cm)}$$

$$d=(d_1+d_2)/2=(4.8+5.2)/2=5\text{(cm)}$$

　　据此，我们测算得：

　　哈那高与椽子长之比 $a_1/b_1=0.625$、$a_2/b_2=0.563$、$a/b=0.6$，柱高与底基直径之比 $d/e=0.6112$。

1　达·那旺著：《古代蒙古历史文物考》，内蒙古人民出版社，1992 年，第 130 页。

2　Henry Yule, *The Book of Ser Marco Polo*, *The Venetian Concerning The Kingdoms and Marvels of The East*, London:John Murray,1929，p.255.

3　达·迈达尔、拉·达力苏荣著：《蒙古包》，内蒙古文化出版社，1987 年，第 225-226 页。

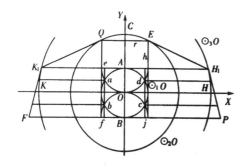

图 11-3　蒙古包几何结构

至少距今 600 年以前蒙古人的房屋建筑的数量关系基本接近于黄金比例，最大误差只有 0.055、最小误差只有 0.006。这就说明，当时蒙古人日常生活中的审美意识已经达到了很高的水平。

（二）蒙古包的数学结构

蒙古包结构的比例关系，更追求数学的简单美、对称美和比例美。我们经过多方面的考察发现，可用数学方法表示其平面结构图（如图 11-3）。

表示方法如下：

平面直角坐标系中，原点为 O。

1. 以 O 为圆心，天窗的半径 r 为半径作 $\odot_1 O$，与 Y 轴交于 A、B 两点；

2. 以 O 为圆心，2.5r 为半径作 $\odot_2 O$，与 Y 轴交于 C 点；

3. 以 O 为圆心，4r(有时亦有 5r) 为半径作 $\odot_3 O$，与 X 轴交于 K、H 两点；

4. 过 A、B 两点作 X 轴的两条平行线，过 A 点且平行 X 轴的直线与 $\odot_3 O$ 交于 K_1、H_1 两点，再连 K_1 与 K、H_1 与 H，并延长，则与过 B 点且平行 X 轴的直线交于 F、P 两点；

5. 作 $\odot_1 O$ 的平行于 Y 轴的两条切线，与 $\odot_2 O$ 交于 Q 与 E 两点，连 QE，可代替天窗之环；

6. 再连 K_1Q、EH_1，则 K_1Q 可代替椽子。$\odot_2O$ 的 QE 就是天窗之凸出球面部分；

7. 以 A、B 为圆心，r 为半径过 $\odot_2O$ 的两个半圆，与 $\odot_1O$ 交于 a、b、c、d 四点；

8. 连 a、b 与 c、d，则与 K_1H_1、FP 分别相交于 e、h、j、f 四点。连 e 与 f，j 与 h，则矩形 $efjh$ 就是蒙古包的门，而自 a、b、c、d 四点可拉上下两条腰带。

经测算得出：

哈那高度 / 椽子长度＝天窗直径 / 椽子长度＝ QE/QK_1 = 0.615；

哈那斜高 / 椽子长度＝ K_1F/QK_1 = 0.616；

$\odot_2O$ 的半径 / $\odot_3O$ 的半径＝ $2.5r/4r$ = 0.625；

把上面三个比值与黄金比 0.618 相比，其误差更小。

（三）蒙古族服饰的黄金比例

蒙古族服饰是适应北方游牧生活特点而形成的，在式样和装饰上反映着本民族的文化特色。它既继承了本民族的审美传统，又随着社会的发展而有新的变化。蒙古人的主要服装是没垫肩的长袍。这种长袍的样子轮廓是：下摆的宽度和肩宽的比例为 3:1；整身长度同下摆宽度的对称比例为 4:3；身长的直径和其长度的对称比例为 2:3；袖子的宽同长度的比例为 1:3。胸围大体相当于衣服全长的 2/3，袖子是直筒式。[1] 可见，蒙古族服装结构的比例关系大致有 1:3(或 3:1) 和 2:3。其中 2:3 是人类最完美的比例，即黄金比例的近似值，而 1:3 正是 2:3 的一种补充。从视觉的角度来说，1:3 的比例结构也很优美（如图 11-4）。

（四）蒙古族图案艺术中的对称美和比例美

图案是蒙古民族在长期生产实践中产生发展的艺术结晶。其种类主要有几何图

---

1 〔苏〕维克托若娃：《蒙古族服装及其民族性》，白荫泰译，《蒙古学信息》，1994 年第 1 期，第 24、28 页。

图 11-4　蒙古袍

案、动物图案、植物图案、自然现象图案、器具图案五大类。[1] 现代心理学已证实，"人们的知觉总趋向于接受简单的形状和音程。从视觉来说，人们乐于接受有规律的三角形、四边形，而相对不乐于接受无规律的、复杂的图形"[2]。蒙古族图案也遵循比例和谐、图案简单对称等基本要求，充分体现了对称、简单、比例和谐等美学思想。从几何图案整体而言，图案具体表现为圆、等腰三角形、正三角形、矩形、正方形、菱形等有规律的几何图形。比如，菱形有两种，一种为其两对角线相等；另一种为较短的对角线与较长的对角线之比值近似于黄金比例 0.618（如图 11-5、图 11-6、图 11-7 和图 11-8）。

（五）原因分析

就上述建筑等艺术中的黄金比例结构而言，蒙古族并不是在遥远的古代已经掌握了数学的黄金比例知识，而是在实践中自然而然地应用了这一规律。建筑"这门最早的艺术所用的材料本身完全没有精神性，而是有重量的，只能按照重量规律来造型的物质；它的形式是些外在自然的形体结构，有规律地和平衡对称地结合在一

1　C.伊达木扎布著：《蒙古民间图案构成》，宝力道译，内蒙古教育出版社，1992年，第1页。
2　〔美〕皮特·戈曼著：《智慧之神——毕达哥拉斯传》，石定乐译，湖南文艺出版社，1993年，第226页。

图 11-5　木食盒万字图案　图 11-6　普斯贺图案　　图 11-7　车辕上盘肠图案　图 11-8　鼻烟壶袋

起，来形成精神的一种纯然外在的反映和一件艺术作品的整体"。[1]

　　关于其客观原因，首先，格式塔心理学发现，知觉活动本身有一种压倒一切的简化倾向。它尽量将外部刺激简化，以组织成各种最简化的形式，如简单的圆等。知觉之所以有这种倾向，有多层次多方面的原因。从生物—物理层次上看，外部世界的物理力、化学力直至生物的生长力，都具有简化式样生成的倾向，而决定知觉活动的内部的力，即大脑皮层中生理电场中的力，同样具有这个倾向。从这个层次上来说，内外是对应同构的，从心理—物理层次上来看，外部世界的简化式样本身是稳定、永恒、难于改变的，而在人类的长期实践活动中，这种简化式样总为它提供安全、舒适的感受，久而久之，简化的心理定式便生成了。只要条件允许，知觉是化繁为简。[2]其次，我们从人体结构来看，会领会其更深层的奥秘。德国美学家对人体进行了大量的测算，发现人的肚脐正好是人的垂直高度的黄金分割点，人的膝盖骨又是大腿和小腿的一个黄金分割点。所以凡是符合这一规律的事物，自然而然让人产生舒适、优美感。

1　〔德〕黑格尔著：《美学第 3 卷》(上册)，朱光潜译，商务印书馆，2009 年，第 17 页。
2　腾守尧著：《审美心理描述》，中国社会科学出版社，1985 年，第 343 页。

二、蒙古族传统生活中的数学计算与数字含义

数学是研究客观世界的空间形式和数量关系的科学。数字除具有计算功能外，"在礼仪习俗中还具有表现象征意义功能，各民族对具有表现象征意义功能的数目字，都有不同的使用习惯。……标志着民俗文化的固有特征"[1]。在蒙古族传统生活中，数字除在天文历法中具有计算作用外，还具有宗教的、哲学的、神秘主义的色彩。

（一）《珠日海》的计算方法与有关数字的含义

古代，蒙古族计算方法都体现在古经《珠日海》中。《珠日海》有独特的算法，其中数理内容很多，大部分内容要靠记忆和背诵来掌握，比在纸上完成计算还要快。这里主要以《珠日海》中的纵横图为例，来论述数学计算和数字的意义。

《珠日海》中有三阶纵横图。纵横图是早期组合数学的一个内容，现代已经在许多实际问题中得到应用。至迟在汉代就有了三阶纵横图，由 1 到 9 的 9 个数字排列成一个正方形，各行各列和对角线的每三个数字相加都得 15（如图 11-9）。[2]《珠日海》中纵横图的数字不是用阿拉伯或蒙古文书写，而是用藏文数字书写。

在占卜时，赋予纵横图中的 9 个数字人的命运等有关的具体内容，然后，使每个数字与连续的 12 年相对应，于是 9 个数字与 108 年相对应。还有一

图 11-9　三阶纵横图

1　〔苏〕Н.л.茹科夫斯卡娅:《数目字在蒙古文化中的作用》，金竹译，《蒙古学信息》，1995 年第 1 期，第 43 页。

2　李迪编著:《中国数学史简编》，辽宁人民出版社，1984 年，第 185 页。

种算法，使 9 个数字与八卦对应，即过纵横图中心数字的 3 个数字和与之相反的两个方向对应。这样就完全确定了纵横图与八卦的关系。上述两个对应关系，是根据不同情况进行四则运算，有的运算相当复杂。运算时，不使用笔和纸，而使纵横图中的 9 个数字分别落在食指、中指、无名指的三个关节上，然后完全按照记忆进行推算。

纵横图的 9 个数字有着宗教、哲学方面的含义。

"1"有着不同寻常的神奇力量，它代表一切事物的开端。

"2"是指事物的两重性。蒙古族对"2"的重视，也许受中国古代哲学思想中阴阳学说的影响。

"3"蕴含着物质生活的实践经验，即三点确定一个平面。另一方面，"3"指三段论法。"3"与原始天文知识有关，即蒙古族对夜间时间流逝程度的确认是以天上三星的大概位置为标准的。

"4"指根据天下四方来判定方位。

"5"在蒙古的历史和文化中，在具有魔法意义的词汇的上下文中，以其稳定性和善于搭配的特点来表现自己。

"7"的重视来自萨满教对星座的祭祀。另一方面，它和"3"并列，与月亮的周期和以数值来确定某一位置的相位有一定的联系。

"8"的含义是来自中国古代哲学思想的八卦图。

"9"同"出生的胎记"这一概念有一定联系。

"6"在蒙古文化中具有什么含义，现有的资料很难提供有关的信息。

除此之外，在蒙古族文化中还有其他较重要的数字，如 37、73、81、108 等。[1]

（二）念珠数字的含义

念珠是蒙古族传统生活中的日常用品。蒙古族念珠的颗数也有一定的规律，

---

1 〔苏〕Н.л.茹科夫斯卡娅:《数目字在蒙古文化中的作用》，金竹译，《蒙古学信息》，1995 年第 1 期，第 43–47 页。

一般为108、54、27、21、18颗。108是佛教中最重要、神圣的数字。而54和27都是108的因数。108颗念珠的珠子数有几种解释：第一，它是一种魔术性的数字，在印度教中有一种传统的魔术、三角形，排列成三角形的那些数字相乘就等于108。第二，它是一种天文学的数字，108是等于12个月、24个半月和72个五日周的总和，这一总和构成的是阴历年份。除此以外，还有一些神秘主义的解释。

1

2　2

3　3　3

21颗珠子的念珠是佛教中众度母的化身。18颗珠子的念珠是表现诸神的18个门徒。[1]

三、蒙古族传统生活中的几何知识

（一）蒙古鹿棋

鹿棋是蒙古人在2000年以前的狩猎生活实践中创造的。棋盘是由等腰三角形、正三角形、正方形、平行四边形、圆、正六边形、正八边形等图形的各种不同组合而构成的。不但棋弈本身有助于儿童思维的锻炼，而且随时随地画棋盘亦有利于蒙古儿童数学知识的增长。这也是蒙古族古代家庭教育的重要组成部分。

（二）建筑设计

佛教文化传入蒙古地区后，尤其"在1559～1629年这七十年来文化知识方面

---

1 《蒙古人的念珠》，《蒙古学资料与情报》，1989年第4期，第65页。

图 11-10　巴丹吉林岩画

得到飞速的发展"[1]。蒙古人掌握了很多医学、算术和几何知识。从那时起，在蒙古地区逐渐地建造了大量寺庙。在寺庙的建设中，他们接受了汉藏等民族的建筑文化风格，同时也学到了有关的几何知识。在建筑物的绘画艺术中，也应用了中心投影等几何学知识。

如前所述，蒙古族的传统建筑主要是蒙古包，蒙古包的建造需要一定的几何知识，如严格的比例结构等。

（三）岩画艺术

蒙古岩画的分布地域相当广阔，其题材主要是各种家畜、图案和法器等。"这些岩画像一种特殊的聚光点或一面镜子，可以把古代蒙古族的经济形态和文化生活，生动形象地反映出来。"[2] 这些岩画图案不仅本身为几何图形，而且很好地表现了数学的简洁美、对称美，例如内蒙古巴丹吉林岩画（如图 11-10[3]）。

1　拿木吉勒道尔基著：《蒙古民俗研究》，内蒙古人民出版社，1993 年，第 294 页。

2　盖山林编著：《阴山岩画》，文物出版社，1986 年，第 353-354 页。

3　色·哈斯巴根著：《巴丹吉林岩画》，环球旅游出版社，2010 年，第 117 页。

第十二篇
图像学视野下的清末数学课堂

一、视觉材料的特点与作用

所谓图像学是从个别的和明显的事物上升到统一的本质的事物（从图画到意义）。[1] 从外在表现揭示内在意义，内在意义不仅支撑并解释了外在事件及其明显意义，而且还决定了外在事件的表现形式。[2] 在数学史和数学教育史研究中，虽然出现一些视觉史料，但大多是人物头像、图书封面，尚未充分利用能够反映人们思想、感情、反思等方面的视觉史料。正如罗家伦所说："中国史家最不注重图画。要使史书有生气，图画是一种有力的帮助……使读者脑筋里有一个深刻的影子。"[3] 一般认为，研究视觉史料的"图像志是美术史研究的一个分支，其研究对象是与美术作品的'形式'相对的作品的主题与意义"[4]。所以，人们很少从视觉史料（图像学材料）的视角去考察数学教育史的问题，而注重文字史料的研究。关于视觉史料和文字史料的关系，研究者们有很多极为深刻的论述。如邢义田指出："单重文

1　〔美〕欧文·潘诺夫斯基著：《图像学研究：文艺复兴时期艺术的人文主题》，戚印平、范景中译，上海三联书店，2011 年，中译本序，第 7 页。

2　〔美〕欧文·潘诺夫斯基著：《图像学研究：文艺复兴时期艺术的人文主题》，戚印平、范景中译，上海三联书店，2011 年，第 3 页。

3　黄克武著：《画中有话：近代中国的视觉表述与文化构图》，台北："中央"研究院近代史所，2003 年，第 2 页。

4　〔美〕欧文·潘诺夫斯基著：《图像学研究：文艺复兴时期艺术的人文主题》，戚印平、范景中译，上海三联书店，2011 年，第 1 页。

献的往往是'正宗'的历史学者。重视视觉性材料，或习惯从视觉材料入手的，往往被归类为艺术史、美术史、美学或美术工作者。""中国的学术、教育传统和探究关怀的问题，可以说完全是围绕着各种文字性的资料而展开。忽视文字以外的东西，十分自然。"[1] 又如，黄克武指出："视觉史料与文字史料有显著的差异，不仅有不同的创造者、传播媒介，也有不同的接受者和议题，因而能给予读者更强烈的感受，从而显示出文字史料所不易展现的历史面向。……视觉史料的价值并不只是作为文字史料的附属品（如插图），它更能触及宗教、族群、性别、阶级等的界域划分，以及不同界域之相互关系，而其内涵不仅包括理性思维、理念传递，亦包括情感表达、群体的记忆与认同，因而具有主体性的地位。"[2]

简言之，与文字相比，图画材料的特点大约有几点：一是直接性，二是全面性和同时性，三是色彩性和立体性。这些特点往往可以传达许多文字不能或不易传达的信息。

清末民国时期，"关于中国的事物，中国人不曾注意到的，外国人却已为我们制成了多少画片"[3]。外国人在他们关于中国的各种作品中留下了丰富的照片资料，这对我们的近现代历史研究具有重要的价值。通过这些直观的照片，不用抽象的描述就能够多层面地介绍中国近现代的事件。正如黄兴涛、杨念群先生所言："外国人对中国的认识好比是一面镜子，照一照这面西洋镜，从中领略生活于中国本土意识之外的人们对自己的看法，了解我们在西方的形象变迁史，无疑将有助于我们反省和完善自身的民族性格；在现代化建设和国际交往中，增强自我意识，更好地进行自我定位。这也是人们常说的'借别人的眼光加深自知之明'的意思。"[4] 无论是外国人还是中国人留下的数学教育方面的一些珍贵照片，犹如古希腊芝诺悖论"飞

1 邢义田著：《立体的历史：从图像看古代中国与域外文化》，三联书店，2014 年，第 4、6 页。

2 黄克武著：《画中有话：近代中国的视觉表述与文化构图》，台北："中央"研究院近代史所，2003 年，第 1 页。

3 黄克武著：《画中有话：近代中国的视觉表述与文化构图》，台北："中央"研究院近代史所，2003 年，第 2 页。

4 〔英〕麦高温著：《中国人生活的明与暗》，朱涛、倪静译，中华书局，2006 年，主编前言，第 4 页。

矢不动"中的矢在瞬间处于"静态"，但实际上这些照片跨越 100 多年的时空，动态地显示了那个时代，为人们提供了丰富的信息。

二、新旧交替中的珠算教育

图 12-1　清末珠算教学

珠算是国宝，已经列入世界非物质文化遗产。在笔算传入中国之前，学校数学教育主要是通过珠算和筹算的学习来实现的。珠算是通过丰富多彩的、直观形象的、便于记忆的、有一定押韵的口诀来进行计算（如图 12-1[1]）。珠算知识在日常生活中非常有效。20 世纪初新式学堂的甫兴，促使笔算大量进入数学课程中，而珠算的内容大量减少，但是在小学教育中笔算和珠算并行。珠算既有其优点，也有其无法克服的缺点。"中国的算盘无疑是一个有助于计算的巧妙发明，不过，它同时也有其非常笨拙的一面。它致命的缺陷是不能保存计算的过程，这样，一旦出现错误，就得从头来过，再错，再重复，直到认为答案正确为止。"[2] 关于算盘，清末来华的外国学者德庇时在《中国杂记》中说：

谭先生（Mr Dunn）和其他一些人告诉我，中国人使用算盘进行所有的算术运算，速度同样快，准确性同样高。我想，他们一定有某种类似加法的运算方法那样简单的和几乎机械性的计算程序。算盘的实际功用，

1　《新增算法撮要》，粤东学院前麟书阁藏版，1909 年。

2　〔美〕明恩溥著：《中国乡村生活》，午晴、唐军译，时事出版社，1998 年，第 101 页。

正如他们使用的那样，超过了巴贝吉先生（Mr.Charles Babbage，1792—1871，英国数学家，雏形计算器的设计者。——译者注）闻名遐迩的计算器，是无与伦比的，其工作模式应该普遍了解，这种工具本身应该推广使用。它会节省好多时间，省却许多麻烦，具有可检验以普通模式进行的计算的优点。在我看来，它真是一个极其奇妙而又重要的东西。我们从中国人那里已经学到很多东西，再多学一样并不会使我们感到难堪。[1]

一般认为，明清时期珠算教育十分普及。事实上，这种"普及"是相对而言的，并不是人人都熟练珠算，只有那些计算高手们才能达到炉火纯青的境界。甚至自称精通经书的人也并不熟练计算，例如一群读书人做下面的题极为吃力，结果得出的答案各不相同。题目为："如果一个大人每十天收到一磅谷子，一个孩子则是大人的一半，那么，227个大人和143个小孩一个半月共收到多少谷子？"因此，给人的印象是："确实，在中国，一个人的学问愈大，他在环境中谋求生存的数学能力就愈弱。"[2]

三、清末的课堂教学

如图12-2[3]、图12-3，教室里教师的桌椅放在一端，学生分组而坐，每组三名至四名学生。在图12-3中，教师前面有四名学生背对教师而站，从身高来看，其中一名学生比其他三名年龄大。右侧小组的一名学生站起来读课文，教师也在看课

---

1 〔英〕约·罗伯茨编著：《十九世纪西方人眼中的中国》，蒋重跃、刘林海译，时事出版社，1999年，第72—73页。
2 〔美〕明恩溥著：《中国乡村生活》，午晴、唐军译，时事出版社，1998年，第101页。
3 沈弘编译：《遗失在西方的中国史·〈伦敦新闻画报〉记录的晚清1842—1873（下）》，北京时代华文书局，2014年，第570页。

图 12-2　北京的一座教会学校（1873 年）　　图 12-3　清末课堂教学

本。那名站着的、较高的学生往侧面看，右侧小组的一名学生看着这名学生，其余学生认真地看书。教师和学生都留长辫子，而且都戴帽子。

这些场景给我们提供以下信息：其一，教室里学生人数并不多。其二，也许由于当时经济条件的限制，也许是教师有意识地安排学生按小组就座，三四名学生成为一组围坐在一张桌子周围。从形式上看，这和今天的中小学的小组合作学习的形式有些类似。其三，从这些场景和当时传教士的记载可见，虽然现在看来不科学的教学法，站在当时教师的立场上看也许是合理的。教师的目的就是培养学生，其重要途径就是背诵课文。"教师的目的就是强迫他的学生背书，再背书，永无休止地背书。"[1] 简单地讲，背书的目的就是为了参加科举考试。所以传教士明恩溥说："……教师成了机器，学生成了应声虫。假定所有的学子将继续他们的学习，而且，最终为获取某个学位而考试，那么，要想提出任何新的教育体制来取代现有的这种强调高容量记忆作为成功主要条件的体制，将是非常困难。……不到二十分之一甚至不到百分之三的读书人才有可能取得这种成功。因此，实际的结果是，其他百分之九十七的学子也不得不按照一定的惯例行事，仅仅是因为这种惯例是唯一知道的

---

1 〔美〕明恩溥著:《中国乡村生活》，午晴、唐军译，时事出版社，1998 年，第 101 页。

有可能获得成功的方法，正是通过这种方法，其他百分之三的学子获取了某个学位。"[1]
图 12-2 中的教会学校的教学模式与中国传统教学模式完全一样，也以背诵课文为主要教学目标。"当一个学生觉得自己已经能够背诵一段课文时，他就拿着书来到老师跟前。老师接过书以后，学生便转过身去，这样他就看不见书了，并开始背诵刚学过的内容。老师教学生写字的方式是把一张薄纸放在字帖上面，由学生照着字帖上的字用毛笔进行临摹。"[2] 这种背对教师背课文的现象在西方其他著作中也有详细记载，如 1901 年初版的英国阿绮波德·立德女士《穿蓝色长袍的国度》中就有"背对先生背书的男孩"照片[3]。在科举考试制度废除之前，有识之士们提出了教育改革的建议，但是"有人以学堂培育了许多杰出的士人为由，来说明现有的教育体制的优越性"[4]。当时来中国的外国人对清末的教育制度和教学方法提出了尖锐的批评，但是对中国学生的学习能力给予很高的赞赏。"一些同时教授欧洲儿童和当地乡下孩子的人大力赞扬中国学生的勤奋和天资，我可以肯定地说，尽管这些当地人在学习外语和外国思维方式方面有着显而易见的劣势，但是他们出众的学习能力足以让他们与他们的欧洲对手并驾齐驱。"[5]

四、清末的数学课堂教学

清末是中国历史上一个特殊而重要的时代，是一个巨变的时代，在科学技

1　〔美〕明恩溥著:《中国乡村生活》，午晴、唐军译，时事出版社，1998 年，第 102 页。

2　沈弘编译:《遗失在西方的中国史:〈伦敦新闻画报〉记录的晚清 1842—1873（下）》，北京时代华文书局，2014 年，第 571 页。

3　〔英〕阿绮波德·立德著:《穿蓝色长袍的国度》，王成东、刘云浩译，时事出版社，1998 年，第 251 页。

4　〔美〕明恩溥著:《中国乡村生活》，午晴、唐军译，时事出版社，1998 年，第 102 页。

5　〔英〕约翰·汤姆逊著:《中国与中国人影像:约翰·汤姆逊记录的晚清帝国》，徐家宁译，广西师范大学出版社，2012 年，第 33 页。

术、文化教育、思想观念等方面发生了前所未有的深刻变化。清末也是一个新旧交替的过渡时代，即旧的已经被动摇但还没有被淘汰，新的已经开始但还没有完全形成。数学教育也不例外，国人在追求西方新式数学教育的过程中表现出复杂而矛盾的心态。这些现象似乎是个别的，但实际上反映了国人的普遍心理。

（一）清末数学教育中的"学案教学"

"学案教学"是现在的概念，是指用"学习指导案"来教学，简称"学案教学"。学案是指教师依据学生的认知水平、知识经验，为指导学生进行主动的知识建构而编制的学习方案。学案实质上是教师用以帮助学生掌握教材内容、沟通教与学的桥梁，也是培养学生自主学习和建构知识能力的一种重要媒介，具有"导读，导听，导思，导做"的作用。

近年来，国内掀起数学"学案教学"的潮流，深受广大师生的欢迎。在进行一段小组合作学习后，学生在教室里三面墙上的黑板上做不同的题，展示各自小组的学习成果，互相共享学习的乐趣。分小组学习、三面墙上做题的教学方法，在清末时期的数学教育中早已有之（如图 12-4[1]）。

在场景中，课桌朝着一个方向摆放，面对学生的黑板右侧靠边有一名学生做题，右侧黑板前有五名学生做不同的平面几何题。右侧三排座位只有两名学生，其余座位都是空的，这说明在黑板上做题的学生占多数。这种多数学生在黑板上做题的教学，可能出于以下考虑："数量众多、镶嵌在墙面上的黑板，增加了上课时公开做题同学的数量，也增加了教师对学生新授知识掌握程度的了解机会，便于其有的放矢根据学生中共同存在或个别存在的问题，或者调整讲授难度和进度，或者进行有

1　Joseph King Goodrich,*The Coming China*,Chicago:The Plimpton Press,1911,p.190.

图 12-4　圣约翰大学布满黑板
的教室

针对性的辅导。对学生来说，这样与其他同学一起共同上黑板做题的机会，也是他们锻炼注意力集中度和思维敏捷度、养成在公众场合自我表现的习惯、增强学习兴趣和竞争心理、增加正面自我暗示和自信心的良好方式。"[1]

　　大约在 1817 年，美国人发明黑板，对课堂教学带来革新，积极地推进了班级教学，大大提高了课堂教学效果。黑板大约在 1860 年至 1870 年传入中国，对中国传统教育教学产生深刻影响。黑板的使用一开始是在教会学校。三面墙上都挂黑板是当时教会学校的做法，据当时人的回忆可以得到有力的印证：

　　　　南洋附中的教室，据黎东方回忆，除了一个墙面是窗户之外，其余三个墙面都是黑板，当年李伯伟先生教英文时，每次照例都要临时制定十个同学站到黑板下面去当场考验。

　　　　属于约大附中系统的苏州桃坞中学，其学生回忆也兼及这种教室墙面布满黑板的现象，可以让好几个学生同时上去验算习题。

　　　　著名语言学家、当年的圣约翰大学生周有光先生晚年回忆，……"我一年级进圣约翰大学，学基础课，三面墙上都是黑板，黑板可以拉上拉下

1　施扣柱著：《青春飞扬：近代上海学生生活》，上海辞书出版社，2009 年，第 19 页。

的，好多学生可以在上面做题目，数学的水平比较高。"

曾经留学美国哥伦比亚师范学院的陈鹤琴先生，……在他亲自设计的工部局西区小学中，教室内除正面那块教师专用的黑板外，四周墙上另装有特制的小黑板，供学生来即兴发挥，并用以展示成绩。[1]

在清末时期的上海，无论是中小学还是大学，在三面墙上布满黑板的情况比较多，这是当时的教育教学改革实验的需要。目前掌握的文字资料和图像资料显示，这种情况进入民国后就不存在了，但是分小组学习的情况是存在的（如图 12-5[2]）。

上述清末教室里多名学生在黑板做题的教学方法和现在的"学案教学"有相同之处，那就是多名学生在黑板上做不同的题目，每个学生做完题目之后，在教师的指导下互相学习交流，每个学生吸收消化多道题的解决方法。但是，学生之间的能力差异、一节课时间的限制等原因决定了这种教学方法实施的难度。实际上，现在国内进行的"学案教学"中也存在类似问题，这与国外进行的"学案教学"不同。例如，在日本"学案教学"中，不同小组的学生合作探究同一道题后，每组派一个代表在黑板上展示各自小组解决问题的过程，并给出适当的表述，然后在教师的指导下全班同学讨论、发表意见，最后教师根据学生陈述的情况评判每个小组解决问题的优劣。

（二）新知识与旧手段

我们先仔细观察一下清末中国学生在教会学校做数学题的场景（如图 12-6[3]）。关于这张照片的作者问题，张佳静考察认为是由来华的美国卫理公会传教士埃利奥

1　施扣柱著：《青春飞扬：近代上海学生生活》，上海辞书出版社，2009 年，第 18–20 页。

2　《中华教育界》，1935 年第 23 卷第 9 期。

3　〔英〕约•罗伯茨编著：《十九世纪西方人眼中的中国》，蒋重跃、刘林海译，时事出版社，1999 年，封面。

图 12-5　民国时期课堂教学　　　　　　　　　　　　　　图 12-6　几何课堂

特（Harrison Sacket Elliott,1882～1951 年）于 1905 年拍摄于北京汇文书院，图中数学知识来自 1898 年出版的《平面和立体几何》中。[1] 黑板的左上角有英文板书隐约可见，一个留长辫的男学生站在黑板的右半侧，左手取发辫的一点按在黑板上做圆心，右手以辫梢的一段为半径画圆。这位学生先作正六边形，然后以正六边形一边为边向内作一个正三角形，正三角形在正六边形内的顶点就是正六边形外接圆的圆心，正三角形的边长为外接圆的半径。

照片提供以下信息：其一，清末中学数学使用英文原版数学教科书，这可能是当时缺乏中文教科书所致。当然，清末中学也使用中文版的数学教科书。其二，中学里既然开设几何课程，并使

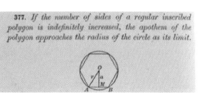

图 12-7　《平面和立体几何》第 377 题

用英文原版教科书，应该具备尺规等教具。但是该学生用辫子画圆，反映了当时国人颇为复杂而矛盾的心态。其三，从作图和做题的程序看，学生的数学水平和英语水平很高，作正六边形及其外接圆需要准确的作图技能，并需读懂英文题目。

在清末西方数学教育传入中国之际，国人学习和接受西方数学时，在如何

1　张佳静：《新旧交替时代的象征："辫子画圆图"溯源》，《中国科技史杂志》，2014 年第 4 期，第 434 页。

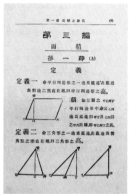

图12-8 《最新中学教科书代数学》(宓尔著,
谢洪赉译,1904年)

图12-9 《最新平面几何教科书》(原滨吉著,
杨清贵译,1905年)

处理西方文明和中国传统文化之间的关系上处于非常复杂的心态。中国传统的书写形式为从右到左竖排,这与西方的从上到下的横排书写形式不同。中国传统的书写形式对于自然科学图书的编写殊为不便。但是,直到清末仍然采用中国传统的书写形式编写教科书,并且将西方字母 ABC 和 XYZ 等分别转化为甲乙丙和天地人等汉字,对西方的书写形式和数学符号采取拒绝态度。这不仅仅是一个形式的问题,而是反映了在形式背后隐藏的根深蒂固的思想和感情问题。

如谢洪赉翻译的《最新中学教科书代数学》(宓尔著,商务印书馆,1904年)中,把原著中的印度-阿拉伯数字和加减符号以外的数学符号全部用中国传统数学符号甲、乙、丙、丁代替,并用竖排形式编写(如图12-8)。又如,杨清贵翻译的《最新平面几何教科书》(原滨吉著,清国留学生会馆,1905年),虽然采用横排书写形式,但是数学符号仍采用中国汉字(如图12-9)。

这一现象在课堂教学中也普遍存在,如美国传教士鲁宾逊创办的清江女子学校代数课堂教学完全用汉语授课,用三才三光(天地人日月星)代替西文字母

XYZ 等。萨拉·康格（Sarah Pike Conger）在 1904 年 12 月 25 日写给女儿劳拉的信中附了一张数学课堂教学场景的照片（如图 12-10）。[1]

也许萨拉·康格也察觉到了中国人吸收西方文化的矛盾心理，她给女儿的信中写道："中国人的性格里有一种含蓄的力量，它不会冲击你，而是留给你时间去思考。"[2]

当清末民国的课堂教学的图像呈现在我们面前的时候，"与当时的西方读者相比，我们是跨越一百多年的时间，带着思想和认识的巨大进步，来审视我们自己的历史和文化，我们自然能看到更多的内容，获得更多的信息。相比猎奇的西方人，我们更能发现这些图文资料所蕴含的价值，因而对西方人拍摄的中国早期影像资料的整理研究，是一项极为有趣也极有价值的工作"。[3]

1　〔美〕萨拉·康格著：《北京信札——特别是关于慈禧太后和中国妇女》，沈春蕾、孙月玲等译，南京出版社，2006 年，第 278 页。

2　〔美〕萨拉·康格著：《北京信札——特别是关于慈禧太后和中国妇女》，沈春蕾、孙月玲等译，南京出版社，2006 年，第 280 页。

3　〔英〕约翰·汤姆逊著：《中国与中国人影像：约翰·汤姆逊记录的晚清帝国》，徐家宁译，广西师范大学出版社，2012 年，译序，第 4-5 页。

13 第十三篇

中国近现代漫画与版画中的数学教育

　　漫画和版画是重要的艺术形式，它们因幽默讽刺、表达简单明了的特点深受人们的喜爱。民国时期，中国漫画和版画得到了长足的发展，出现了丰子恺、古元等著名艺术家。抗日战争时期，漫画和版画在抗日救国宣传方面发挥了积极作用。在这些漫画和版画中也不乏数学教育方面的作品，它们蕴含的教育意义深刻，对今天的家庭和学校教育也有不可低估的借鉴价值。本篇主要以丰子恺和古元的作品为主，以其他相关作品为辅，展示漫画和版画中的数学教育。

一、丰子恺漫画中的数学教育

（一）漫画的特点

　　一提到漫画，人们很自然地想到一些讽刺性的艺术作品。其实，"漫画"一词来源于意大利语的"caricare"，就是"加压""增加重量"的意思。[1] 假如画一件

---

1 〔德〕爱德华·福克斯著：《欧洲漫画史》(上卷)，章国锋译，商务印书馆，2017年，第3页。

事物，把事物某一部分极端地夸张，那么被夸张的部分就凸显了整体特征而使整体画面失去平衡，从而表达对该事物的格外关注。一般来讲，漫画的画面极其简单，也许只有几个线条。我们不能小觑这种简单的视觉表达，它也许能够表达我们很难用语言表达的情景，它让你用眼睛观看，然后让你用心灵去思考。所以哲学家彼得·斯洛特代克（Peter Sloterdijk）说：“眼睛是哲学的有机原型。它们的神秘之处在于，不仅能够观看，还能看到自身在观看。这让它们在身体认知器官中非常突出。哲学思考的大部分事实上只是眼睛的反思，眼睛的辩证法，观看自身在观看。”[1] 笛卡尔也说过：“我们生命的所有管理取决于感觉，由于视觉是感觉中最全面和最高贵的，毫无疑问那些增强它能力的发明最有效。”[2] 作为图像的漫画，其“承载的信息量往往远远大于文字，这已经成为学者的共识。在图像史料中，讽刺漫画具有非同一般的意义”。[3]

（二）丰子恺漫画中的数学教育

我国现代画家、散文家、艺术教育家、漫画家丰子恺（1898～1975年）创作了很多与教育有关的漫画，尤其是他的《学生漫画》涵盖了学生生活的早起、自习、课堂学习、课间、科学实验、被老师监督等方面丰富的内容，蕴含的教育意义颇为深刻。其中不少教育漫画与数学教学有关，在画面上有数学教具，或有学生在折纸等。丰子恺先生关于数学教育的漫画，应该与他小学和初中时期的数学学习成绩优秀有关。他建议长外孙宋菲君报考北京大学理科专业时说自己：“上初中时，数理学得很好，一直是班里第一名；后来师从李叔同（弘一法师），专心学美术音乐，数理

1　〔美〕马丁·杰伊著：《低垂之眼：20世纪法国思想对视觉的贬损》，孙锐才译，重庆大学出版社，2021年，第2页。

2　〔美〕马丁·杰伊著：《低垂之眼：20世纪法国思想对视觉的贬损》，孙锐才译，重庆大学出版社，2021年，第2页。

3　〔俄〕安德烈·格奥尔吉耶维奇·戈里科夫、伊莉娜·谢尔盖耶夫娜·雷巴乔诺克著：《严肃的幽默——漫画中的历史与世界》，李牧群译，社会科学文献出版社，2021年，第2页。

成绩才掉到二三十名。"[1] 尽管如此，丰子恺一直关心理科教育。宋菲君曾回忆道：

图 13-1 《自制望远镜》（丰子恺绘，1931 年）

我在上海市复兴中学读书的时候，兴趣很广泛，既喜欢数理，又像外公学美术速写、古文诗词，我还是一名天文爱好者。高一的时候，根据物理教科书中非常有限的光学知识，我和同学一起到上海虬江路旧货摊上购买了一块直径约一百毫米、焦距不到一米的平凸透镜当物镜，用几块放大镜当目镜，用纸糊了一个镜筒，制成了一个开普勒式天文望远镜。用这具简陋的望远镜，我们居然看到了木星的四颗卫星、土星的光环、内行星金星的盈亏，还能清晰地看到月球表面的环形山。我们这些中学生当时都异常兴奋，我将此事一五一十地告诉了外公。他听了也很高兴，根据我描述的情形，立即挥毫作画送给我，并题诗一首："自制望远镜，天空望火星。仔细看清楚，他年去旅行。"这幅画后来刊在上海《新民晚报》上。外公又写了一个条幅送我："盛年不重来，一日难再晨。及时当勉励，岁月不待人。"[2]

1. 盲目追求分数是祸

《用功》是丰子恺流传至今、最具影响的作品之一（如图 13-2[3]）。这位教师

---

1 丰子恺、宋菲君著：《爱的教育：丰子恺艺术启蒙课》，宋菲君绘，中信出版集团，2019 年，第 74 页。

2 丰子恺、宋菲君著：《爱的教育：丰子恺艺术启蒙课》，宋菲君绘，中信出版集团，2019 年，第 73 页。

3 丰子恺著：《丰子恺漫画集》第 4 册《学生漫画》，海豚出版社，2013 年，第 2 页。

图 13-2　《用功》（丰子恺　图 13-3　《用功》（宋菲君绘）图 13-4　《否定》（巴·毕力格绘）
绘，1931 年）

的要求是 100 分，威严地督促学生按他的要求学习。学生不知所措，心惊胆战地等
待教师的斥责。桌面上放着三角尺、圆规、课本等，这里突出表现了教师不可侵犯
的权威、学生被动学习的场面和数学工具。数学工具代表了数学学科的重要性和学
习的难度。宋菲君受其艺术熏陶之影响，又作一幅《用功》，更形象地表现了老师
对学生施压的情景（如图 13-3[1]）。

巴·毕力格的《否定》中，老师不让学生说话，剥夺了学生发表意见或提问的
权利（如图 13-4[2]）。从画面看，这是一位手持三角尺的数学老师。学生在学习数
学的过程中，掌握数学的概念、原理需要一个过程。教师要给学生留下自由思考的
空间，这对培养学生良好的学习习惯和科学精神有着重要的意义。简言之，教师不
能用简单的"对""错"来评价学生的表现。

2. 动手动脑是根本

数学教学中通过做游戏、折纸、制作模型、作图等一系列活动，可以培养学生

1　丰子恺、宋菲君著:《爱的教育: 丰子恺艺术启蒙课》，宋菲君绘，中信出版集团，2019 年，第 81 页。

2　巴·毕力格著:《巴·毕力格漫画》，内蒙古人民出版社，2013 年，第 40 页。

的动手操作能力、空间想象能力和创造能力。其中，折纸活动是数学教学的重要环节。丰子恺于 1926 年创作的《阿宝》中，7 岁的小阿宝正在认真地折一艘小船（如图 13-5[1]）。这也说明，民国时期小学注重折纸教学，可以在数学课或美术课上进行，也可以在活动课上进行。在国外，特别是在日本小学和初中数学教学中，折纸占有重要的地位。日本出版了大量折纸教学的图书，如高桥春雄的《快乐的折纸 260 种——折纸百科》（金园社，1970 年）、日本纸艺研究会的《折纸教室：折纸艺术的种种》（集文馆，1971 年）、芳贺和夫的《折纸玩数学——日本折纸大师的几何学教育》（2014 年原版，2016 年台湾世茂出版有限公司）等。

图 13-5　《阿宝》（丰子恺绘，1926 年）

各种游戏在儿童教育中具有重要地位，如七巧板和益智图游戏是中国传统数学教育的一个重要组成部分。清代已有《七巧图》《益智图》等数学游戏著作。

3. 贪玩一事无成

从古至今，数学一直是基础学科。如前所述，古希腊时期柏拉图学园的匾额上写道："不懂几何学，不得入内。"学习数学需要坚忍不拔的精神和灵活多样的方法，因此欧几里得说："在几何里，没有专门为国王铺设的大路。"所以，无论是家长还是教师，对学生学习数学都提出很高的要求，提醒他们不要贪玩，好好学习数学。

《某种学生》直观地表达了千千万万个家长和老师的心声（如图 13-6[2]）。天平下沉的一侧是球拍、球等各种娱乐工具，其背景为一颗心，说明学生的心思在玩乐上。天平的另一侧是数学工具和书本，由于重量很小而悬在空中。

1　丰子恺著：《丰子恺漫画集》第 2 册《子恺画集》，海豚出版社，2013 年，第 15 页。

2　丰子恺著：《丰子恺漫画集》第 4 册《学生漫画》，海豚出版社，2013 年，第 30 页。

图 13-6　《某种学生》（丰子恺绘）　　图 13-7　《不要咬铅笔》（丰子恺绘）

《不要咬铅笔》也反映了孩子贪玩，学习数学感到困难的情况（如图 13-7[1]）。孩子面对数学题感到困难，咬着铅笔在发愁，但是他并不是专心致志地思考数学题，而是脑子里想着出去玩。

4. 抗战时期的数学课堂教学

抗日战争爆发后，在日本帝国主义蹂躏下，中国老百姓民不聊生，每时每刻都有遭难的可能。在如此艰难的情况下，中国人坚持教育救国之信念，坚持上课。丰子恺先生将这一状况，用漫画和文字记录下来，给后世留下了珍贵资料。

他在《宜山遇炸记》一文中记述了日本飞机轰炸的惨状：

> 这一天，我不胜委屈之情。我觉得"空袭"这一种杀人办法，太无人道。"盗亦有道"，则"杀亦有道"。大家在平地上，你杀过来，我逃。我逃不脱，被你杀死。这样的杀，在杀的世界中还有道理可说，死也死得情愿。如今从上面杀来，在下面逃命，杀的稳占优势，逃的稳是吃亏。死的事体还在其次，这种人道上的不平，和感情上的委屈，实在非人所能忍受！我

1　丰子恺著：《丰子恺漫画集》第 4 册《学生漫画》，海豚出版社，2013 年，第 47 页。

图13-8 《一心以为有警报将至》（丰子恺绘）　　图13-9 《2×3+1=7人》（丰子恺绘）

一定要想个办法，使空中杀人者对我无可奈何，使我不再受此种委屈。[1]……

《一心以为有警报将至》描绘了数学课堂上学生没有办法集中精力听课的情况（如图13-8[2]）。老师在讲台上讲课，黑板上写了数学公式，但是下面的学生都在注意是否有日本飞机空袭的警报。前排学生都在向外看，后排中间的学生也在向外看，只有两个学生低头看书。

5. 有趣的数学题

数学教学不仅局限于单一的课堂授课形式，教学内容也不拘泥于抽象的数学问题，有趣的数学体现在日常生活的方方面面。丰子恺善于捕捉生活中人们熟悉的场景，画出人们在日常活动中学习数学的场面，激发人们数学学习的兴趣。

《2×3+1=7人》中，三位妈妈抱着三个孩子，其中一位妈妈肚子里还怀有一个胎儿（如图13-9[3]）。这幅漫画体现了数学与实际生活的密切联系。

关于数学的漫画极其丰富，如数学史漫画、数学故事漫画、数学游戏漫画等等。

1　丰一吟著：《爸爸丰子恺》，中国青年出版社，2015年，第137—138页。

2　丰子恺著：《丰子恺漫画集》第25册《又生画集》，海豚出版社，2013年，第19页。

3　丰子恺著：《丰子恺漫画集》第7册《云霓》，海豚出版社，2014年，第52页。

随着信息技术的发展，又出现了更具有趣味性的关于数学文化的动漫、电影等。

二、陕甘宁边区版画中的数学教育

陕甘宁边区政府开展的各项教育活动，为中国人民的革命事业提供了有力支撑，也为教育的发展奠定了坚实基础。陕甘宁边区政府确立中小学教育制度、编撰教科书和教材、改进教学方法，培养了革命所急需的人才。在这些方面不仅留下了丰富的文字材料和教科书等实物，而且留下了珍贵的图像资料。最突出的图像资料就是从 20 世纪 30 年代发展起来的版画艺术。

（一）陕甘宁边区的教育指导思想

1937 年 8 月，毛泽东在《为动员一切力量争取抗战胜利而斗争》中明确指出："改变教育的旧制度、旧课程，实行以抗日救国为目标的新制度、新课程。"[1]1938年 11 月，毛泽东在《论新阶段》的文章中又提出："第一，改订学制，废除不急需与不必要的课程，改变管理制度，以教授战争所必需之课程及发扬学生的学习积极性为原则。第二，创设并扩大增强各种干部学校，培养大批的抗日干部。第三，广泛发展民众教育，组织各种补习学校、识字运动、戏剧运动、歌咏运动、体育运动，创办敌前敌后各种地方通俗报纸，提高人民的民族文化与民族觉悟。第四，办理义务的小学教育，以民族精神教育新后代。"1939 年 1 月，林伯渠在《陕甘宁边区政府对边区第一届参议会的工作报告》之"创造与发展国防教育的模范"中指出："边区实行国防教育的目的，在于提高人民文化政治水平，加强人民的民族自信心和自尊心，使

---

1 《毛泽东选集》（第二卷），人民出版社，2009 年，第 356 页。

人民自愿的积极的为抗战建国事业而奋斗,培养抗战干部,供给抗战各方面的需要,教育新后代使成为将来新中国优良建设者。"[1] 在这种教育指导思想引领下,延安建立了小学、中学、师范学校、民众学校和鲁迅艺术学院等学校,其中数学教育也得到高度重视。在近一年半的时间里,教育发展迅速,就小学教育而言,未成边区前学校数为 120 所学校(学生数不详),1937 年春季时小学 320 所,学生数为 5000 名,1938 年秋季时小学为 773 所,学生数为 16725 名。1941 年冬季时小学为 1341 所,学生数为 43625 名 [2]。在其影响下,其他革命根据地的教育也得到了不同程度的发展。

(二)陕甘宁边区小学数学教育概述

边区教育厅于 1938 年 8 月公布的《陕甘宁边区小学法》中第一条指明了小学教育的总目标:"边区小学应依照边区国防教育宗旨及实施原则,以发展儿童的身心,培养他们的民族意识、革命精神及抗战建国所必须的基本知识技能。"[3] 小学规定为五年,初级小学三年,高级小学两年,合称为完全小学。初级小学单独设立。小学教材须一律采用教育厅编辑或审定的课本及补充读物。小学国语课每学年每周12 节课,每年总课时为 390 学时;初级小学算术课第一、二、三年周课时分别为三、四、五节课,年总课时分别为 120、150、180 学时;高级小学四年级、五年级算术课每周为五节课,年总学时为 180 学时。[4] 在《陕甘宁边区小学规程》中没有规定算术具体的教学内容,但是从陕甘宁边区各学校的算术教学实践看,"在算术课上增加珠算,因为在一般的应用上,珠算还很普遍,初小学会加减,高小学会乘除,也是以实际实例为教材"。"算术课从各种写法的数目字(简写、大写、商用码子、洋码子)教起,到认位数,与九九歌,又实地学了过秤、丈布、量粮食、

---

1 中央教育科学研究所编:《老解放区教育资料:抗日战争时期》(上册),教育科学出版社,1986 年,第 4 页。

2 中央教育科学研究所编:《老解放区教育资料:抗日战争时期》(上册),教育科学出版社,1986 年,第 18~44 页。

3 中央教育科学研究所编:《老解放区教育资料:抗日战争时期》(上册),教育科学出版社,1986 年,第 303 页。

4 中央教育科学研究所编:《老解放区教育资料:抗日战争时期》(上册),教育科学出版社,1986 年,第 307 页。

识票子。""主要目的是学习实际应用上计算的能力,为了适应农村的条件,以心算珠算为中心。""小娃的算术课,开始也是学数目的名称,之后学数数,数数是随娃娃的具体情形来提高他们。再以后就学心算、笔算,自个位到十位的加减法来开始,一部分还学了度量衡,如识票子、丈布、过粮等。""算术,按教育厅课本进行;珠算要会加减乘除及斤两互换。笔算与珠算多采用实例教学,要能在实际中运用,会记账,算账,能考中学。""课程中算术一门是一般娃娃们最感头疼的。他们'宁可扫大便,不愿意学算术'。去冬因固守一定的顺序教,收效较难,娃娃们爱简怕繁,因此,教材是多用日常用品的数目字来教,学时兴趣大。"[1]

(三)陕甘宁边区版画中的数学教育

陕甘宁革命根据地是版画艺术蓬勃发展的摇篮,版画艺术也是宣传发扬革命精神的武器。陕甘宁革命根据地的数学教育事业的发展也激起了艺术家们的创作灵感,他们的版画作品留下了活生生的数学教育的历史记忆。

1. 乡村小学的数学教育

革命艺术家古元的《乡村小学》展现了当时艰苦条件下的乡村小学的数学教学情况(如图 13-10[2])。黑板挂在房屋外面墙上,两个学生在黑板上做算术题,左下角三个学生正在一起学习,右侧五个学生在一起学习,中间的一个人可能是乡村教师。没有桌椅板凳,老师和学生席地而坐,条件可想而知,但是学生们的学习热情高涨。

古元的系列版画《新旧光景》中的《小学》也展现了孩子们学习各门功课的场景,体现了孩子们对边区革命根据地的深厚感情(如图 13-11[3])。下面附了一首诗:

1　陕西师范大学教育研究所编:《陕甘宁边区教育资料小学教育部分》,教育科学出版社,1981 年,第 172、208、210、229、139、235 页。

2　韩劲松著:《艺术为人民——延安美术史》,江西美术出版社,2021 年,第 141 页。

3　张子康主编:《第二届中国当代版画学术展特邀展——古元延安版画作品展》,香港:中国今日美术馆出版社有限公司,2011 年,第 148 页。

图 13-10 《乡村小学》（古元绘，1941 年）   图 13-11 《小学》（古元绘，1943 年）

"边区的娃娃真幸福，吃饱穿暖衣食足，共产党培养新少年，新民主主义新教育，政府办的学校处处有，个个儿童有书读，上学念书不出钱，有吃有穿有住宿。"

2. 群众的数学教育

力群《优异的革命教师刘保堂》组图之一中，四个人围坐在炕桌旁，刘保堂老师在进行晚间补课，给两个孩子教珠算，大人也在跟着学珠算（如图 13-12[1]）。当时，革命根据地需要大量的数学人才，尤其是熟练掌握珠算的数学人才。"他知道老百姓送娃娃念书是为的念了马上就能用。他就给学生增教日用字，晚上教算盘。"[2]组图之二反映了刘保堂老师的学习精神（如图 13-13[3]）。"他常说：'不学习就说不上革命。'因此他几年来刻苦的自习，请教人。县上来了巡视工作的同志，他虚心跟那位同志学习笔算、分组学习等。"[4]

当时边区政府利用冬天没有农活的农闲时间开展教育，以提高人们的文化水平，其中算术特别是珠算教育是教学内容的重要组成部分。古元的《冬学》反映的就是

---

1 韩劲松著：《艺术为人民——延安美术史》，江西美术出版社，2021 年，第 322 页。

2 黄乔生主编：《中国新兴版画（1931-1945）》第 3 册，河南大学出版社，2019 年，第 171 页。

3 韩劲松著：《艺术为人民——延安美术史》，江西美术出版社，2021 年，第 322 页。

4 黄乔生主编：《中国新兴版画（1931-1945）》第 3 册，河南大学出版社，2019 年，第 183 页。

图 13-12 《优异的革命教师刘保堂》组图之
一（力群绘）

图 13-13 《优异的革命教师刘保堂》组图之二
（力群绘）

图 13-14 《冬学》（古元绘，1941 年）

图 13-15 《农家的夜晚》（古元绘，
1943 年）

冬学情况，人们展开了各种内容的学习活动（如图 13-14[1]）。古元的《农家的夜晚》
则展示了男女老少努力学习的场景（如图 13-15[2]）。

　　革命根据地数学教育的内容是比较浅显的，但是实用性很强，内容丰富、形式多
样，满足了革命根据地生产实践的需要，同时也为数学教育的发展奠定了坚实的基础。

1　张子康主编：《第二届中国当代版画学术展特邀展——古元延安版画作品展》，香港：中国今日美术馆出版社有
　　限公司，2011 年，第 68 页。

2　张子康主编：《第二届中国当代版画学术展特邀展——古元延安版画作品展》，香港：中国今日美术馆出版社有
　　限公司，2011 年，第 148 页。

参考文献

前言

〔美〕巫鸿著：《无形之神》，上海人民出版社，2020 年。

〔美〕欧文·潘诺夫斯基著：《图像学研究：文艺复兴时期艺术的人文主题》，戚印平、范景中译，上海三联书店，2011 年。

〔英〕彼得·伯克著：《图像证史》，杨豫译，北京大学出版社，2018 年。

〔美〕R. 弗里曼·伯茨著：《西方教育文化史》，王凤玉译，山东教育出版社，2013 年。

〔俄〕康定斯基著：《艺术中的精神》，李政文、魏大海译，中国人民大学出版社，2003 年。

〔英〕H. 里德著：《艺术的真谛》，王柯平译，辽宁人民出版社，1987 年。

第一篇

殷海光著：《中国文化的展望》，商务印书馆，2011 年。

吴修艺著：《中国文化热》，上海人民出版社，1988 年。

〔日〕中村俊龟智著：《文化人类学史序说》，何大勇译，中国社会科学出版社，2009 年。

〔美〕维克多·泰勒、查尔斯·温奎斯特著：《后现代主义百科全书》，章燕、李自修等译，吉林人民出版社，2007 年。

邵汉明著：《中国文化研究二十年》，人民出版社，2003 年。

马遵廷：《数学与文化》，《大陆杂志》，1933 年第 3 期。

陈建功：《二十世纪的数学教育》，《中国数学杂志》，1952 年第 2 期。

李大潜：《将数学建模思想融入数学类主干课程》，《大学数学课程报告论坛 2005 论文集》，高等教育出版社，2006 年。

顾沛著：《数学文化》，高等教育出版社，2008 年。

〔英〕罗德里克·卡夫、萨拉·阿亚德著：《极简图书史：从古埃及到电子书》，戚昕、潘肖蔷译，电子工业出版社，2016 年。

张奠宙、丁尔升、李秉彝等编译：《国际展望：九十年代的数学教育》，上海教育出版社，

1990 年。

〔法〕列维 - 布留尔著：《原始思维》，丁由译，商务印书馆，1981 年。

汪子嵩、范明生等著：《希腊哲学史1》，人民出版社，1997 年。

吴慧颖著：《中国数文化》，岳麓书社，1995 年。

林夏水著：《数学哲学》，商务印书馆，2003 年。

〔英〕欧文·琼斯著：《中国纹样》，周硕译，商务印书馆，2019 年。

〔美〕R. E. 莫里兹编著：《数学家言行录》，朱剑英编译，江苏教育出版社，1990 年。

〔美〕罗伯特·哈钦斯、莫蒂默·艾德勒主编：《西方名著入门》第 8 卷《数学》，
商务印书馆，1995 年。

〔英〕伯特兰·罗素著：《我的哲学的发展》，温锡增译，商务印书馆，1996 年。

第二篇

《西方大观念》，陈嘉映等译，华夏出版社，2008 年。

〔英〕修·昂纳、约翰·弗莱明著：《世界艺术史》，吴介祯等译，北京美术摄影出版社，
2013 年。

〔意〕翁贝托·艾柯编著：《美的历史》，彭淮栋译，中央编译出版社，2007 年。

〔英〕彼得·惠特菲尔德著：《彩图世界科技史》，繁奕祖译，科学普及出版社，2006 年。

黄才郎主编：《西方美术辞典》，王秀雄、李长俊等编译，外文出版社，2002 年。

丁宁著：《西方美术史》，北京大学出版社，2015 年。

〔英〕萨拉·巴特利特著：《符号中的历史：浓缩人类文明的 100 个象征符号》，范明瑛、
王敏雯译，北京联合出版公司，2016 年。

〔美〕大卫·布莱尼·布朗著：《浪漫主义艺术》，马灿林译，湖南美术出版社，2019 年。

郭书春译注：《〈九章算术〉译注》，上海古籍出版社，2009 年。

杨天才、张善文译注：《周易》，中华书局，2011 年。

〔英〕詹姆斯·霍尔著：《自画像文化史》，王燕飞译，上海人民美术出版社，2017 年。

〔美〕乔纳森·莱昂斯著：《智慧宫——被掩盖的阿拉伯知识史》，刘榜离、李杰、杨宏译，
台北：台湾商务印书馆，2015 年。

〔德〕伯恩德·艾弗森著：《建筑理论——从文艺复兴至今》，唐韵等译，北京美术
摄影出版社，2018 年。

〔英〕菲利普·威尔金森著：《神话与传说——图解古文明的秘密》，郭乃嘉、陈怡华、

崔宏立译，三联书店，2015 年。

〔法〕Denis Guedj 著：《数字王国——世界共通的语言》，雷淑芬译，上海教育出版社，
2004 年。

〔英〕杰里米·斯坦格鲁姆、詹姆斯·加维著：《西方哲学画传》，肖聿译，新华出版社，
2014 年。

Frank Zollner, *Botticelli*，New York:Prestel Verlag，2015.

〔美〕罗伯特·哈钦斯、莫蒂默·艾德勒主编：《西方名著入门》第 8 卷《数学》，
商务印书馆，1995 年。

李秋零主编：《康德著作全集》第 4 卷，中国人民大学出版社，2005 年。

邓宗琦主编：《数学家辞典》，湖北教育出版社，1990 年。

李戈主编：《西方古地图 30 讲》，人民交通出版社，2021 年。

〔美〕理查德·曼凯维奇著：《数学的故事》，冯速等译，海南出版社，2014 年。

〔美〕R. E. 莫里兹编著：《数学家言行录》，朱剑英编译，江苏教育出版社，1990 年。

第三篇

〔英〕修·昂纳、约翰·弗莱明著：《世界艺术史》，吴介祯等译，北京美术摄影出版社，
2013 年。

〔英〕肯尼斯·克拉克著：《文明》，易英译，中国美术学院出版社，2019 年。

〔法〕米歇尔·拉克洛特、让 - 皮埃尔·库赞主编：《西方美术大辞典》，董强译，
吉林美术出版社，2009 年。

韩伟华著：《被误读的经典：从拉斐尔的〈雅典学园〉透视意大利文艺复兴时代艺术
与宗教的关系》，周宪主编：《艺术理论与艺术史学刊（第一辑）》，中国社会科
学出版社，2018 年。

Roger Cooke,*The History of Mathematics:A Brief Course*,Hoboken:John Wiley &Sons,Inc.,
2005.

〔美〕戴维·林德伯格著：《西方科学的起源》，张卜天译，湖南科学技术出版社，2016 年。

〔美〕卡尔·B. 博耶著，〔美〕尤诺·C. 梅兹巴赫修订：《数学史》，秦传安译，中
央编译出版社，2014 年。

〔英〕斯蒂芬·F. 梅森著：《自然科学史》，周煦良、全增嘏等译，上海译文出版社，
1980 年。

〔美〕戴维·L.瓦格纳著：《中世纪的自由七艺》，张卜天译，湖南科学技术出版社，2016年。

〔美〕威廉·弗莱明、玛丽·马丽安著：《艺术与观念：古典时期——文艺复兴》，宋协立译，北京大学出版社，2010年。

汪子嵩、范明生等著：《希腊哲学史1》，人民出版社，1997年。

〔意〕蒂莫西·弗登著：《佛罗伦萨圣母百花大教堂博物馆》，郑昕译，译林出版社，2018年。

林夏水著：《数学哲学》，商务印书馆，2003年。

〔美〕杰里·本特利、赫伯特·齐格勒、希瑟·斯特里兹著：《简明新全球史》，魏凤莲译，北京大学出版社，2018年。

〔英〕迈克尔·阿拉比、德雷克·杰特森著：《科学大师》，陈泽加译，上海科学普及出版社，2003年。

〔古希腊〕柏拉图著：《柏拉图全集（第三卷）》，王晓朝译，人民出版社，2003年。

〔美〕约翰·洛西著：《科学哲学的历史导论》，张卜天译，商务印书馆，2017年。

〔德〕开普勒著：《世界的和谐》，张卜天译，北京大学出版社，2011年。

〔以〕阿米尔·艾克塞尔著：《笛卡儿的秘密手记》，萧秀姗、黎敏中译，上海人民出版社，2008年。

〔日〕大栗博司著：《用数学的语言看世界》，尤斌斌译，人民邮电出版社，2017年。

〔美〕理查德·曼凯维奇著：《数学的故事》，冯速等译，海南出版社，2014年。

〔英〕杰里米·斯坦格鲁姆、詹姆斯·加维著：《西方哲学画传》，肖聿译，新华出版社，2014年。

林夏水著：《数学与哲学——林夏水文选》，社会科学文献出版社，2015年。

〔美〕乔纳森·莱昂斯著：《智慧宫——被掩盖的阿拉伯知识史》，刘榜离、李杰、杨宏译，台北：台湾商务印书馆，2015年。

〔英〕彼得·惠特菲尔德著：《彩图世界科技史》，繁奕祖译，科学普及出版社，2006年。

黄才郎主编：《西洋美术辞典》，王秀雄、李长俊等编译，外文出版社，2002年。

〔美〕克利福德·皮寇弗著：《数学之书》，陈以礼译，重庆大学出版社，2015年。

第四篇

〔美〕乔治·萨顿著：《希腊黄金时代的古代科学》，鲁旭东译，大象出版社，2010年。

〔荷兰〕扬·波尔、埃利特·贝特尔斯马等主编:《思想的想象——图说世界哲学通史》,张颖译,北京大学出版社,2013 年。

〔英〕杰里米·斯坦格鲁姆、詹姆斯·加维著:《西方哲学画传》,肖聿译,新华出版社,2014 年。

〔德〕君特·费格尔著:《苏格拉底》,杨光译,华东师范大学出版社,2016 年。

〔美〕F.N. 麦吉尔主编:《世界哲学宝库——世界 225 篇哲学名著评述》,中国广播电视出版社,1991 年。

〔古希腊〕色诺芬著:《回忆苏格拉底》,吴永泉译,商务印书馆,1984 年。

汪子嵩、范明生等著:《希腊哲学史 1》,人民出版社,1997 年。

〔古希腊〕柏拉图著:《柏拉图全集(第二卷)》,王晓朝译,人民出版社,2003 年。

《西方大观念》,陈嘉映等译,华夏出版社,2008 年。

〔法〕阿贝尔·雅卡尔著:《睡莲的方程式——科学的乐趣》,姜海佳译,广西师范大学出版社,2001 年。

〔古罗马〕维特鲁威著:《建筑十书》,〔美〕I. D. 罗兰英译,〔美〕T. N. 豪评注插图,陈平中译,北京大学出版社,2012 年。

吴国盛著:《科学的历程(上册)》,湖南科学技术出版社,1995 年。

〔古希腊〕柏拉图著:《柏拉图全集(第一卷)》,王晓朝译,人民出版社,2002 年。

第五篇

〔瑞士〕雅各布·布克哈特著:《意大利文艺复兴时期的文化》,何新译,商务印书馆,1997 年。

黄才郎主编:《西洋美术辞典》,王秀雄、李长俊等编译,外文出版社,2002 年。

〔意〕恩里卡·克里斯皮诺著:《达·芬奇》,田丽娟、张惠、邢延娟译,译林出版社,2018 年。

〔法〕欧仁·明茨撰文:《列奥纳多·达·芬奇(第一卷)》,陈立勤译,人民美术出版社,2014 年。

〔意〕莱奥纳多·达·芬奇著:《莱奥纳多·达·芬奇:绘画论》,〔法〕安德烈·夏斯塔尔编译,邢啸声译,湖南美术出版社,2019 年。

〔美〕麦克·怀特著:《达芬奇:科学第一人》,徐琳英、王晶译,中国人民大学出版社,2011 年。

〔英〕丹尼尔·史密斯著：《天才的另一面：达·芬奇》，肖竞译，电子工业出版社，2016年。

〔意〕列奥纳多·达·芬奇著：《马德里手稿第3卷》，〔日〕小野健一译，东京：岩波书店，1975年。

〔英〕杰克·古迪著：《文艺复兴：一个还是多个？》，邓沛东译，浙江大学出版社，2017年。

〔意〕达·芬奇著：《达·芬奇艺术与生活笔记》，戴专译，光明日报出版社，2012年。

〔古罗马〕维特鲁威著：《建筑十书》，〔美〕I. D. 罗兰英译，〔美〕T. N. 豪评注插图，陈平中译，北京大学出版社，2017年。

〔德〕叔本华著：《作为意志和表象的世界》，石冲白译，商务印书馆，2018年。

〔英〕伯兰特·罗素著：《西方的智慧——从社会政治背景对西方哲学所作的历史考察》，温锡增译，商务印书馆，1999年。

〔英〕艾玛·阿·里斯特编著：《达·芬奇笔记》，郑福洁译，三联书店，2007年。

〔美〕华特·艾萨克森著：《达文西传》，严丽娟、林玉菁译，台北：商周出版社，2019年。

沈康身著：《历史数学名题赏析》，上海教育出版社，2002年。

〔英〕马丁·肯普著：《达·芬奇：100个里程碑》，叶芙蓉译，金城出版社，2019年。

〔美〕沃尔特·艾萨克森著：《列奥纳多·达·芬奇传：从凡人到天才的创造力密码》，汪冰泽，中信出版社，2018年。

〔加〕罗斯·金著：《达·芬奇，和他的〈最后的晚餐〉》，林海译，中国青年出版社，2017年。

〔英〕乔尔·利维著：《奇妙数学史：从早期的数学概念到混沌理论》，崔涵、丁亚琼译，人民邮电出版社，2016年。

〔美〕加勒特·汤姆森著：《莱布尼茨》，李素霞、杨富斌译，中华书局，2014年。

第六篇

〔英〕理查德·斯坦普著：《文艺复兴的秘密语言——解码意大利艺术的隐秘符号》，吴冰青译，北京时代文化书局，2015年。

〔意〕马蒂亚·盖塔编著：《那不勒斯卡波迪蒙特博物馆》，项好译，译林出版社，2015年。

〔以〕阿米尔·艾克塞尔著：《笛卡儿的秘密手记》，萧秀姗、黎敏中译，上海人民出版社，2008年。

〔荷兰〕扬·波尔、埃利特·贝特尔斯马等主编：《思想的想象——图说世界哲学通史》，张颖译，北京大学出版社，2013年。

林夏水著：《数学哲学》，商务印书馆，2003年。

〔法〕笛卡尔著：《谈谈方法》，王太庆译，商务印书馆，2000年。

〔美〕萧拉瑟著：《笛卡尔的骨头——信仰与理性冲突简史》，曾誉铭、余彬译，上海三联书店，2012年。

〔法〕笛卡尔著：《笛卡尔几何：附〈方法谈〉〈探求真理的指导原则〉》，袁向东译，北京大学出版社，2008年。

〔美〕小西奥德·希克、刘易斯·沃恩著：《做哲学：88个思想实验中的哲学导论》，柴伟佳、龚皓译，北京联合出版公司，2018年。

〔美〕唐纳德·帕尔默著：《看，这是哲学》，郑华译，北京联合出版公司，2016年。

〔美〕杰里·本特利、赫伯特·齐格勒、希瑟·斯特里兹著：《简明新全球史》，魏凤莲译，北京大学出版社，2009年。

〔美〕R. 弗里曼·伯茨著：《西方教育文化史》，王凤玉译，山东教育出版社，2013年。

Lynn Gamwell, *Mathematics and Art:A Cultural History*, Princeton：Princeton University Press，2015.

第七篇

王力著：《中国古代文化常识》，北京联合出版公司，2014年。

新疆维吾尔自治区博物馆编：《新疆出土文物》，文物出版社，1975年。

李迪著：《中国数学通史——上古到五代卷》，江苏教育出版社，1997年。

〔美〕巫鸿著：《武梁祠——中国古代画像艺术的思想性》，柳扬、岑河译，三联书店，2015年。

〔美〕丹·布朗著：《失落的秘符》，朱振武、文敏、于是译，人民文学出版社，2010年。

Roger Cooke,*The History of Mathematics:A Brief Course*,Hoboken:John Wiley &Sons,Inc.,2005.

〔美〕戴维·林德伯格著：《西方科学的起源》，张卜天译，湖南科学技术出版社，2016年。

湖南省博物馆编：《在最遥远的地方寻找故乡——13-16世纪中国与意大利的跨文化交流》，商务印书馆，2018年。

〔美〕卡尔·B. 博耶著，〔美〕尤诺·C.梅兹巴赫修订：《数学史》，秦传安译，中央编译出版社，2014 年。

Eleanor Robson, Jacqueline Stedall, *The Oxford Handbook of The History of Mathematics*，Oxford：Oxford University Press Inc., 2008.

〔美〕理查德·曼凯维奇著：《数学的故事》，冯速等译，海南出版社，2014 年。

〔日〕大矢真一著：《初等数学图说》，东京：岩崎书店,1962 年。

Lynn Gamwell, *Mathematics and Art:A Cultural History*，Princeton：Princeton University Press，2015.

〔清〕夏敬渠著：《野叟曝言》，湘白校点，岳麓书社，1993 年。

第八篇

彭浩：《中国最早的数学著作〈算数书〉》，《文物》，2000 年第 9 期。

〔美〕巫鸿著：《武梁祠——中国古代画像艺术的思想性》，柳扬、岑河译，三联书店，2015 年。

代钦：《可视的数学文化史（一）》，《数学通报》，2016 年第 2 期。

〔日〕香川默识著：《中国文化史迹：西域考古图谱》，浙江人民美术出版社，2018 年。

〔意〕切萨雷·里帕著：《里帕图像手册》，〔英〕P. 坦皮斯特英译，李骁中译，陈平校译，北京大学出版社，2019 年。

〔美〕戴尔·布朗主编：《埃及——法老的领地》，池俊常译，广西人民出版社，2002 年。

Annette Imhausen：《古埃及数学：新视角下的古老资料》，刘余、王青建译，《数学译林》，2007 年第 4 期。

〔美〕维克多·J. 卡兹著：《东方数学选粹：埃及、美索不达米亚、中国、印度与伊斯兰》，纪志刚、郭园园等译，上海交通大学出版社，2016 年。

李文林主编：《文明之光——图说数学史》，山东教育出版社，2005 年。

Charles D.Miller, Vern E. Heeren. *Mathematical Ideas*，Glenview, Illinois：Scott, Foresman and Company，1978.

第九篇

〔日〕大矢真一著：《初等数学图说》，东京：岩崎书店,1962 年。

〔德〕伯恩德·艾弗森著：《建筑理论——从文艺复兴至今》，唐韵等译，北京美术摄影出版社，2018 年。

〔美〕伯纳德·刘易斯著：《历史上的阿拉伯人》，马肇椿、马贤译，华文出版社，2017年。

〔美〕卡尔·B.博耶著，〔美〕尤诺·C.梅兹巴赫修订：《数学史》，秦传安译，中央编译出版社，2014年。

〔英〕乔尔·利维著：《奇妙数学史：从早期的数字概念到混沌理论》，崔涵、丁亚琼译，人民邮电出版社，2016年。

〔法〕Denis Guedj著：《数字王国——世界共通的语言》，雷淑芬译，上海教育出版社，2004年。

英国DK公司编著：《伟大的绘画——图解世界名画》，李澍译，北京美术摄影出版社，2014年。

〔美〕丹尼斯·舍曼、A.汤姆·格伦费尔德等著：《世界文明史》，李义天、黄慧、阮淑俊、王娜译，中国人民大学出版社，2012年。

〔意〕斯特凡诺·祖菲著：《图解欧洲艺术史：16世纪》，姜奕晖译，北京联合出版公司，2017年。

〔美〕理查德·曼凯维奇著：《数学的故事》，冯速等译，海南出版社，2014年。

〔英〕迈克尔·苏立文著：《东西方艺术的交会》，赵潇译，上海人民出版社，2014年。

刘桂腾著：《鼓语：中国萨满乐器图释》，上海音乐出版社，2018年。

〔日〕辻惟雄著：《图说日本美术史》，蔡敦达、邬利明译，三联书店，2016年。

Steffi Schmidt, *Katalog der chinesischen und japanischen Holzchenitte*, Berlin:Bruno Hessling Verlag, 1971.

〔英〕提摩西·克拉克著：《葛饰北斋：超越巨浪》，李凝译，华中科技大学出版社，2018年。

第十篇

索予明著：《漆园外撷——故宫文物杂谈》，台北：故宫博物院，2000年。

〔英〕戈登·柴尔德著：《人类创造了自身》，安家瑗、余敬东译，上海三联书店，2012年。

《中国大百科全书·美术》，中国大百科全书出版社，1990年。

〔英〕H.里德著：《艺术的真谛》，王柯平译，辽宁人民出版社，1987年。

张朋川著：《中国彩陶图谱》，文物出版社，2005年。

甘肃省博物馆编：《甘肃彩陶》，科学出版社，2008年。

张朋川主编：《甘肃彩陶大全》，台北：艺术家出版社，2000年。

中国国家博物馆编：《文物中国史 1：史前时代》，山西教育出版社，2003 年。

朱勇年著：《中国西北彩陶》，上海古籍出版社，2007 年。

Claudia Zaslavsky，*Africa Counts*：*Number and Pattern in African Cultures*(*Third Edition*)，
　　Chicago：Lawrence Hill Books，1999.

于殿利著：《人性的启蒙时代——古代美索不达米亚的艺术与思想》，故宫出版社，
　　2016 年。

美国大都会艺术博物馆编著：《大都会艺术博物馆指南》，黄潇潇译，北京联合出版公司，
　　2016 年。

庄申编著：《根源之美——中国艺术 3000 年》，中信出版社，2018 年。

第十一篇

〔美〕莱斯利·A. 怀特著：《文化科学》，曹锦清等译，浙江人民出版社，1988 年。

《内蒙古大辞典》编委会：《内蒙古大辞典》，内蒙古人民出版社，1991 年。

达·那旺著：《古代蒙古历史文物考》，内蒙古人民出版社，1992 年。

Henry Yule，*The Book of Ser Marco Polo*，*The Venetian Concerning The Kingdoms and*
　　Marvels of The East，London :John Murray，1929.

达·迈达尔、拉·达力苏荣著：《蒙古包》，内蒙古文化出版社，1987 年。

〔苏〕维克托若娃：《蒙古族服装及其民族性》，白荫泰译，《蒙古学信息》，1994
　　年第 1 期。

C .伊达木扎布著：《蒙古民间图案构成》，宝力道译，内蒙古教育出版社，1992 年。

〔美〕皮特·戈曼著：《智慧之神——毕达哥拉斯传》，石定乐译，湖南文艺出版社，
　　1993 年。

〔德〕黑格尔著：《美学第 3 卷》（上册），朱光潜译，商务印书馆，2009 年。

腾守尧著：《审美心理描述》，中国社会科学出版社，1985 年。

〔苏〕H .л.茹科夫斯卡娅：《数目字在蒙古文化中的作用》，金竹译，《蒙古学信息》，
　　1995 年第 1 期。

李迪编著：《中国数学史简编》，辽宁人民出版社，1984 年。

拿木吉勒道尔基著：《蒙古民俗研究》，内蒙古人民出版社，1993 年。

第十二篇

〔美〕欧文·潘诺夫斯基著：《图像学研究：文艺复兴时期艺术的人文主题》，戚印平、
　　范景中译，上海三联书店，2011 年。

黄克武著：《画中有话：近代中国的视觉表述与文化构图》，台北："中央"研究院
　　近代史所，2003 年。

邢义田著：《立体的历史：从图像看古代中国与域外文化》，三联书店，2014 年。

〔英〕麦高温著：《中国人生活的明与暗》，朱涛、倪静译，中华书局，2006 年。

〔英〕约·罗伯茨编著：《十九世纪西方人眼中的中国》，蒋重跃、刘林海译，时事出版社，
　　1999 年。

〔美〕明恩溥著：《中国乡村生活》，午晴、唐军译，时事出版社，1998 年。

沈弘编译：《遗失在西方的中国史：〈伦敦新闻画报〉记录的晚清 1842—1873（下）》，
　　北京时代华文书局，2014 年。

〔英〕阿绮波德·立德著：《穿蓝色长袍的国度》，王成东、刘云浩译，时事出版社，
　　1998 年。

〔英〕约翰·汤姆逊著：《中国与中国人影像：约翰·汤姆逊记录的晚清帝国》，徐家宁译，
　　广西师范大学出版社，2012 年。

施扣柱著：《青春飞扬：近代上海学生生活》，上海辞书出版社，2009 年。

张佳静：《新旧交替时代的象征："辫子画圆图"溯源》，《中国科技史杂志》，
　　2014 年第 4 期。

第十三篇

〔德〕爱德华·福克斯著：《欧洲漫画史》（上卷），章国锋译，商务印书馆，2017 年。

〔美〕马丁·杰伊著：《低垂之眼：20 世纪法国思想对视觉的贬损》，孙锐才译，重
　　庆大学出版社，2021 年。

〔俄〕安德烈·格奥尔吉耶维奇·戈里科夫、伊莉娜·谢尔盖耶夫娜·雷巴乔诺克著：
　　《严肃的幽默——漫画中的历史与世界》，李牧群译，社会科学文献出版社，2021 年。

丰子恺、宋菲君著：《爱的教育：丰子恺艺术启蒙课》，宋菲君绘，中信出版集团，2019 年。

丰子恺著：《丰子恺漫画集》第 4 册《学生漫画》，海豚出版社，2013 年。

巴·毕力格著：《巴·毕力格漫画》，内蒙古人民出版社，2013 年。

丰子恺著：《丰子恺漫画集》第 2 册《子恺画集》，海豚出版社，2013 年。

丰一吟著：《爸爸丰子恺》，中国青年出版社，2015 年。

丰子恺著：《丰子恺漫画集》第 25 册《又生画集》，海豚出版社，2013 年。

《毛泽东选集》（第二卷），人民出版社，2009 年。

中央教育科学研究所编：《老解放区教育资料：抗日战争时期》（上册），教育科学出版社，1986 年。

韩劲松著：《艺术为人民——延安美术史》，江西美术出版社，2021 年。

张子康主编：《第二届中国当代版画学术展特邀展——古元延安版画作品展》，香港：中国今日美术馆出版社有限公司，2011 年。

后 记

在本书即将出版之际，想到了一句话："每个人都在改变自己，也在被别人改变。我们每时每刻都在互相汲取或者拒绝某些东西。这种无意间的获得与排斥，改变着我们的天性。"至于我改变了多少人的天性，我不敢说什么，但是关于被别人改变的天性还是要有很多话说的。在我普通的人生中，从小学到大学直至硕博研究生教育中的老师、同学以及亲朋好友都不同程度地影响了我的职业选择、专业方向、研究兴趣与爱好。有的是间接而不明显的，有的是直接和显著的。无论是间接的还是直接的，它们皆为形成奔流不息之大河的诸多小溪流。每当静下心来回首往事的时候，在脑海中展现纵横交错的许许多多小溪流的壮观场面，赞扬也好，批评也好，欣赏也罢，都成为这些小溪流奔向远方河流的驱动力，因为我都把它们当作自己生命中不可或缺的积极因素来汲取。我没有超群的智慧，但是我有一颗明亮的心——会欣赏他人的优点，会悄悄地学习他人的长处，会倾听他人的意见和建议。在日常交往和教学科研中深深体会到，别人的成功与失败犹如是自己的一面镜子，不断地改变着自己的天性。仅就本书的完成而言，是在各种偶然的机遇下产生的必然结果。本书涉及三个关键词——艺术、数学和文化，这是在长时间做数学教育研究过程中逐渐扩大研究领域而找到三者的切合点，这期间有不少美好的记忆。这里有必要提出对本研究产生影响的几个人物。

李迪先生，他是我国著名的具有世界影响的科学史家。师从李迪先生学习数学史是我莫大的幸运。研究数学文化史的基础是数学及其历史，不懂得历史就无法谈论文化。20世纪90年代，通过李迪先生结识了日本著名数学教育家和数学文化史家横地清先生、日本著名数学教育史家松宫哲夫先生和数学教育家铃木正彦先生。

　　　　艺术中的数学文化史

日本的数学文化史研究在 20 世纪 30 年代已经取得了丰硕成果，并形成了传统，这就直接影响了横地清、松宫哲夫等学者。我在 20 多年与日本学者的广泛交流中，学习了他们研究数学文化史和数学教育教学的思想和研究方法——从平凡中探寻和发现新的内容以及做事的精雕细刻之精神。在日本的中小学数学教学或综合学习中，融入数学文化已经成为一种常态。他们没有教学改革，只有教学改善。教学改善不追求短时间的跳跃式的进步，而是稳中求进，即在稳定中寻求微小的改进。这就是他们所主张的静悄悄的革命。正因为如此，日本的数学教学中融入数学文化的教学改善过程，绝对不是潮流化的、表演化的行为。他们追求的是效果，而不是形式。

哲学是发现各门知识之间统一性关系的关键。通过数学哲学的学习可以发现数学、艺术和文化之间的诸多内在的联系。20 多年前，在中国社会科学院攻读博士学位期间，师从林夏水先生学习科技哲学，为以后的学习奠定了良好的基础。

艺术是什么？很难回答这个问题。日常生活中人们不同程度地接触到艺术，可以说艺术作品随处可见，但是有些特定的艺术作品不一定随处可见，对非艺术专业的人来说更是如此。因此，如果非艺术专业的人想了解历史上的艺术作品，那就需要艺术专业人员的引领和帮助。在多年的交流中，艺术理论专家乌力吉教授和国画艺术家陈晗晟教授给予了很多帮助。乌力吉教授提供了丰富的艺术史和艺术理论的文献和线索，陈晗晟教授提供了国画方面的文献，并为本书绘制了关于《野叟曝言》中数学故事情节的艺术作品。

自 20 世纪 50 年代中期，李迪先生在内蒙古师范大学播下了科学技术史研究的种子。在 70 余年的岁月里，这颗种子生根发芽、苗壮成长。目前，内蒙古师范大学已经建成在海内外具有一定影响的教学科研机构——内蒙古师范大学科学技术史研究院。研究院为师生的学习与研究提供了悉心的人文关怀和完备的硬件设施设备。研究院一直以来关心和支持数学文化史研究，并大力支持本书的出版。

春华秋实，无论果实何等地微小，但它永远对大地的滋养、阳光的照耀充满感激、不断成长。